제주
물고기
도 감

제주 물고기 도감

초판 1쇄 발행일 2015년 2월 6일
초판 2쇄 발행일 2021년 2월 17일

글 명정구   **사진** 명정구, 고동범, 김진수

펴낸이 이원중
펴낸곳 지성사 **출판등록일** 1993년 12월 9일 **등록번호** 제10 – 916호
주소 (03458) 서울시 은평구 진흥로 68 정안빌딩 2층(북측)
전화 (02) 335 – 5494 **팩스** (02) 335 – 5496
홈페이지 www.jisungsa.co.kr **이메일** jisungsa@hanmail.net

ISBN 978 – 89 – 7889 – 297 – 1 (06490)

잘못된 책은 바꾸어드립니다. 책값은 뒤표지에 있습니다.

이 도서의 국립중앙도서관 출판시도서목록(CIP)은 서지정보유통지원시스템 홈페이지(http://seoji.nl.go.kr)와
국가자료공동목록시스템(http://www.nl.go.kr/kolisnet)에서 이용하실 수 있습니다. (CIP제어번호:CIP2015001377)

제주 물고기 도감

글 명정구 · **사진** 명정구, 고동범, 김진수

지성사

저 자 의 글

우리나라에서 가장 큰 섬 제주도는 마라도, 가파도 등이 딸린 가장 남쪽 바다의 화산섬이다. 오래전부터 자연의 아름다움과 아열대 생물이 서식하는 섬으로 많은 사랑을 받아 왔다. 2007년 세계자연유산으로 등재되면서 국내뿐만 아니라 세계적으로 그 아름다움과 문화 그리고 자연의 가치를 인정받고 있다. 이런 제주도의 자연적 가치는 연안의 바닷속에서 더욱 높아진다.

저자들은 오랫동안 제주도 연안의 물속을 드나들면서 느낀 수중 세계의 아름다움과 제주도만이 지닌 해양생물상의 가치를 알리려고 그동안 모아온 제주 바다의 물고기 관련 자료를 정리하기로 뜻을 모았다. 우리나라 바다에 서식이 보고된 물고기는 약 1000종에 이른다. 그중 남해가 가장 다양한 종 다양성을 보이는데 특히 제주도 연안에서는 열대와 아열대 어종이 많이 발견된다. 이는 제주도가 남쪽에서 올라오는 난류의 영향을 직접 받기 때문이다. 말미잘과 공생하는 흰동가리, 샛별돔을 비롯하여 주걱치, 청줄돔, 황붉돔 등이 제주도 연안에 집단 서식하는 연산호나 겨울이면 울창해지는 모자반이 만든 해중림과 어우러져 아름다운 수중 경관을 연출한다. 이 열대 어종들은 물고기를 연구하는 학자뿐만 아니라 스쿠버다이버들에게도 사랑과 관심을 받아 온 종들이다. 어민들이 사용하는 일반 어구로는 잡기가 어려운 소형 어종이나 희귀 어종들은 잠수로 한 종씩 포획해 학계에 보고되고 있지만, 아직도 제주도 바다에는 우리에게 알려지지 않은 많은 열대·아열대 생물 종이 서식하고 있다.

1990년대부터 본격적으로 전문가로 구성된 해양 탐사대가 수중 탐사를 벌여 수십 종의 미기록 어종이 알려졌고, 최근에도 서귀포 연안의 해양보호구역 조사, 생물 종 다양성 연구 등을 통해 새로운 해양생물 종들이 밝혀졌지만, 제주도 바다는 여전히 우리가 알지 못하는 생물 종을 품고 있다. 최근에도 대왕바리를 비롯하여 우리나라에서는 처음 발견된 자리돔류와 망둑어류가 학계에 보고되었으며, 수중에서 새로운 개체를 만났으나 표본이 없어 학계에 보고하지 못한 종들도 상당수 있다.

이 책에 수록된 어종은 그동안 저자들이 제주도 바다에서 직접 만났던 물고기를 중심으로 정리한 것이다. 현재까지 서식이 확인된 종은 물론이고, 저자와 수중촬영 작가들이 사진으로만 확인했을 뿐 학계에는 보고되지 않은 미기록 어종도 몇몇 소개하고 있어 현 시점에서 제주도 바다에 서식하는 가장 많은 물고기 가족을 소개하고 있다. 이 미기록 어종들은 가까운 시일 안에 채집되어 정식으로 학계에 보고되리라 믿는다. 혹시 우리 세대가 하지 못하더라도 앞으로 수중 조사나 연구 활동을 하게 될 후학에게 새로운 종의 출현 시점을 알려주는 등 일부나마 정보를 제공하는 것으로 그들이 새로운 종을 기록하는데 작은 도움이 되고자 한다. 더불어 우리가 아직 제주도 바다에서 다 이루지 못한 꿈을 다음 세대가 호기심과 과학적 열정으로 꼭 이루기를 바라면서 이 책을 정리했다.

이 책에 수록한 종들의 국명과 학명, 일반명 등은 『한국산어명집』과 fishbase (http://www.fishbase.org)의 자료에 따랐으며, 학계에 보고되지 않은 새로운 종에는 '(가칭)'임을 밝혀 두었다.

저자들과 늘 함께 수중 탐사 활동을 하면서 제주도 바다를 가까이에서 애정어린 눈길로 지키고 보살펴 온 현지의 스쿠버다이버들에게도 이 지면을 빌려 감사의 말씀을 전한다. 제주대학교에서 어류학을 가르치시며 많은 제자를 배출하셨고, 저자에게도 늘 호기심을 갖고 제주도 바다를 대하고 연구하라며 열정을 전해주셨던 고 백문하 교수님께도 머리 숙여 감사드린다.

명 정 구

차 례

조기강 Class Actinopterygii

뱀장어목 Order Anguilliformes

청어목 Order Clupeiformes

메기목 Order Siluriformes

쏠종개과 Family Plotosidae

일러두기

1. 각 물고기마다 학명(이탤릭체), 우리나라 각 지방에서 부르는 이름(지방명),
   영어명, 일본명을 실었습니다.

2. 드넓은 바다에서 헤엄치는 물고기가 주로 어디에서 사는지, 왼쪽 또는 오른쪽에
   표층, 중층, 저층 세 단계로 나누어 구분하였습니다.

3. 각 물고기의 분포에 '우리나라 남해'라고 표현한 부분은 제주도를 포함하고 있으며,
   특별히 제주도라고 표현한 부분은 제주도에 많이 분포하는 물고기를 가리킵니다.

우리 바다 최고의
해양생물 종 다양성을 가진 제주 바다

우리나라는 삼면이 바다로 둘러싸여 있다. 비록 바다의 규모는 크지 않지만 동해와 서해(황해), 제주 바다를 포함한 남해는 각각 독특하고 개성 있는 환경을 지니고 있다. 서해는 최대 수심이 100여 미터로 얕고 조수 간만의 차이가 크며 황해난류라는 따뜻한 해류가 흐르는 반면, 중앙에는 연중 냉수대가 존재한다. 남해는 남쪽에서 올라오는 강력한 쿠로시오(黑潮) 난류의 지류 영향을 크게 받으며, 겨울에는 수온이 낮은 연안수가 발달한다. 동해는 수심이 깊고 북쪽에서 연안을 따라 내려오는 북한한류와 남쪽에서 북쪽으로 흐르는 동한난류가 중부 지역에서 만나 섞이면서 동쪽으로 진행하며, 깊은 수심대에는 차가운 고유수가 존재한다. 이렇듯 우리나라 연안은 성질이 다른 여러 물덩이(수괴)와 해류가 있어 해양생물의 종 다양성이 매우 높은 편이며, 면적 단위로 보면 세계에서 가장 높다.

우리 바다의 권역을 좀 더 세심하게 나누면 남해에 속한 제주 바다를 별도의 권역으로 독립시킬 수 있다. 제주 바다는 남쪽이라는 지리적 환경과 난류가 직접 영향을 미치는 해양환경으로 열대·아열대 생물 종이 가장 많이 서식하며 생물 종 다양성도 높다. 세계에서 가장 생물 종 다양성이 높은 산호 삼각지대Coral Triangle 해역에서 해마다 수많은 알과 치어가 쿠로시오 해류를 타고 필리핀 북부 해역을 거쳐 들어온다. 수온이 낮아지는 겨울에는 남해에서 서식하던 온대성 어종들이 내려와 온대·아열대·열대의 생물 종이 섞여 서식하기도 한다. 제주 바다는 이렇게 독특한 해양 환경적 특성으로 말미암아 다른 곳에서는 볼 수 없는 생물 종들이 많이 서식하고 있다.

전 세계적으로 문제가 되고 있는 지구온난화는 우리 바다에도 영향을 끼쳐 매년 수온이 올라가고 있다. 남해나 제주 연안도 예외는 아니어서 지난 40여

년 사이에 수온이 1.7℃ 상승했고, 해양생물상도 주걱치, 청줄청소놀래기, 청줄돔과 같은 열대 어종의 군집 크기가 커지고 흰꼬리자리돔, 두줄복기망둑 등 새로운 열대 어종이 출현하고 있다. 이러한 자료들을 바탕으로 제주 바다는 해양 생태 변화를 모니터링하기에 적당하다. 또 관광의 형태가 서서히 육지 관광에서 바다 생태 관광으로 확산되고 있는 가운데 국내에서 가장 인기 있는 관광지 중의 하나인 제주도의 연안 생태 자료는 장기적으로 연안 생태 보전은 물론, 해양 생태 관광 발전에도 매우 유용한 과학적 자료가 될 것이다.

이 책은 학술적인 어류 도감으로 세상에 선보이기보다는 오랫동안 제주도 바닷속을 연구하면서 즐겁게 찍어 모은 물고기 사진과 이것들에 대한 정보를 정리하고, 제주 바다의 아름다움과 함께 현재 이 시점의 종 다양성을 기록해 둠으로써 앞으로 변화할 환경과 비교해볼 수 있는 기준을 마련하는 데 큰 목적을 두고 있다. 따라서 완벽하지는 않지만 아직 학계에 보고되지 않은 종과, 수중에서는 직접 만나지 못했지만 제주도 어시장에서 볼 수 있는 수산 어종까지 모두 수록했다. 이처럼 제주 바다에 서식하는 물고기들의 생태를 포함한 다양한 자료를 되도록 많이 기록함으로써 교양도서로는 물론, 해양생물학 관련 교육 자료로도 활용할 수 있도록 했다. 특히, 개체의 크기가 작거나 출현 빈도가 낮아 채집이 어려운 종도 많이 포함하고 있어 현재의 제주 바다 생태를 이해하고 장기적인 변화를 모니터링 하는 데 많은 도움이 되리라 믿는다. 이 책이 제주 바닷속 물고기 가족을 이해하고 연안 생태의 중요한 가치를 다시 한 번 확인하는 기회를 갖는 계기가 되었으면 하는 바람이다.

먹장어
꾀장어과 | **먹장어목**

학명: *Eptatretus burgeri*　**지방명:** 꼼장어, 곰장어
외국명: Inshore hagfish, Salad eel (영) ; ヌタウナギ(nutaunagi) (일)

▶ ▶ **안점 _** 먹장어는 눈이 있을 자리에 눈 대신
눈처럼 생긴 희미한 흔적만 있다.

형태:　턱이 없고 입은 둥글며, 눈이 없는 대신 그 위치에
희미한 흰색 안점이 있다. 지느러미는 꼬리지느러미만 발달한다. 크기는 암컷이 수컷
보다 큰 편이며 최대 60cm까지 자라나 보통 30~40cm급이 흔하다. 아가미구멍 6개(드
물게 7개)가 일렬로 줄지어 있다. 두 줄로 배열되어 있는 묵꾀장어와는 이 아가미구멍의
형태로 구분한다.

생태:　수심 40~60m의 비교적 얕은 펄 바닥에 주로 서식하며 야행성이다. 여름과 가을
에 걸쳐 20×9mm 크기의 타원형 알을 수십 개 낳으며, 몸의 양쪽에 줄지어 발달한 점액
선에서 끈적끈적한 점액을 분비하여 몸이 매끄러우며 물고기나 오징어의 몸에 흡착하
거나 속으로 파고들어 가서 살이나 내장을 갉아먹는 기생성 물고기이다.

분포:　우리나라 중부 이남, 일본 중부 이남, 동중국해에 널리 분포한다.

기타 특성:　지구상에 살고 있는 물고기 중 가장 진화가 덜된 어종으로, 흔히 '꼼장어'라
는 이름으로 널리 알려져 있으며 껍질은 고급 가죽 제품으로 가공한다. 부산에서는 껍
질을 삶아 식혀서 묵 형태로 식용한다.

수염상어목 | 고래상어과 **고래상어**

학명: *Rhincodon typus*

외국명: Whale shark (영); ジンベエザメ (jinbeizame) (일)

▶▶ 덩치가 큰 고래상어의 몸에는 빨판상어와 같은 작은 고기들이 붙어 다니기도 한다.

형태: 몸은 흑청색이며 흰색 반점이 흩어져 있다. 사각형의 머리는 편평하며 넓적한 주둥이 아래로 긴 타원형에 가까운 입이 열린다. 아래위턱에는 작은 이빨이 있다. 등지느러미는 2개이며 배지느러미와 뒷지느러미는 작은 편이고 꼬리지느러미는 조각달 모양이다. 크기는 길이 20m, 무게 15kg에 이른다.

생태: 먼바다를 회유하는 종으로 플랑크톤을 들이마시며 살아간다. 길이 30cm, 폭 14cm, 높이 9cm의 커다란 장방형 알을 낳는 난생어이다.

분포: 우리나라 남해, 일본 중부 이남에서 중국, 타이완, 동남아시아 및 대서양의 열대 해역까지 널리 분포한다.

기타 특성: 지구상에 살고 있는 물고기 중 가장 큰 종이며, 성질이 온순하고 겁이 많다. 대형 수족관에서 인기 높은 관상어. 2000년대 우리나라 남해안(거제도 앞바다)에서도 발견된 적이 있으며 열대 지방에서는 수중 산책을 즐기는 스쿠버다이버들에게 인기가 높다. 개체 수가 적어 보호가 필요한 종이다.

두툽상어 두툽상어과 | 흉상어목

학명: *Scyliorhinus torazame*　지방명: 괘상어, 개상어, 두테비
외국명: Cloudy catshark, Cat shark (영); トラザメ(torazame) (일)

▶▶ 두툽상어의 눈은 가늘고
옆으로 길게 찢어져 있다.

형태:　머리는 약간 폭이 넓고 납작하며 꼬리는 원통형이
다. 전체적으로 황갈색을 띠고 몸의 옆면에는 10여 개의 굵은 갈색 띠가 있다. 눈은 가
늘고 옆으로 길게 찢어졌으며 아가미구멍은 5쌍이다. 몸길이가 40~50cm급인 소형 상
어이다.

생태:　수심 100m 정도까지의 대륙붕에서 서식한다. 수컷은 배지느러미 안쪽에 막대
모양의 교미기 두 개가 있어 이를 사용하여 체내수정을 하며, 알을 낳는 난생이다. 알
은 갈색으로 키틴질의 단단한 껍질로 싸여 있다. 작은 물고기를 비롯하여 게, 새우, 조
개 등을 먹는다.

분포:　우리나라 중부 이남 해역과 일본, 타이완에 분포한다.

기타 특성:　흰색 살은 담백하고 쫄깃쫄깃하여 횟감으로 인기가 있다.

24

별상어

학명: *Mustelus manazo*   지방명: 참상어, 점상어
외국명: Star-spotted shark, Hound shark, Gummy shark (영); ホシザメ(hoshizame) (일)

▶▶ 등의 작은 흰 점들이 몸 옆면을 따라 발달해 있다.

형태: 몸은 가늘며 길고, 머리는 납작하고 폭이 넓은 편이다. 전체적으로 청회갈색을 띠며 배는 연하다. 등쪽에 작은 흰 점이 많은데 특히 옆줄을 따라 줄지어 발달한 것이 특징이다. 눈은 가늘고 길며 눈꺼풀이 있다. 분수공(공기나 물이 드나드는 일부 연골어류의 입 뒤에 있는 작은 구멍)은 눈 바로 뒤에 위치한다. 몸길이가 1m 내외인 소형 상어이다.

생태: 바닥이 모래펄로 된 얕은 대륙붕, 연안에서 서식한다. 60cm 크기로 자라면 새끼를 낳을 수 있다. 여름철에 암수가 짝짓기를 하여 이듬해 봄(4~5월경)에 배 속에서 부화한 새끼를 낳는 난태생 어종이다. 새우나 게 등의 갑각류, 어류, 오징어 등을 먹는다.

분포: 우리나라 전 연안, 일본 홋카이도 이남, 동중국해 등지에 널리 서식한다.

기타 특성: 연안에서 흔히 잡히는 소형 상어류 중 하나이다. 부산 지방에서는 살을 떠서 간장에 담갔다가 약간 말려 구운 '산적'을 제사상에 올린다.

전자리상어 전자리상어과 | **전자리상어목**

학명: *Squatina japonica*
외국명: Angelshark (영); カスザメ(kasuzame) (일)

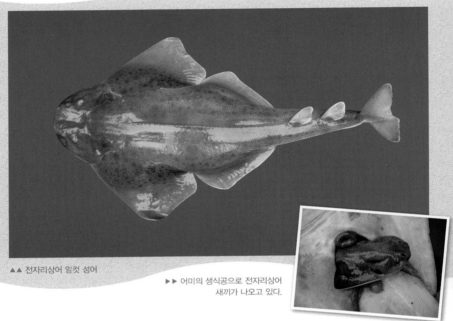

▲▲ 전자리상어 암컷 성어

▶▶ 어미의 생식공으로 전자리상어
새끼가 나오고 있다.

형태: 이름은 상어이지만 몸의 형태는 가오리처럼
납작하다. 몸은 갈색이고 몸 전체에 깨알 같은 작은 점들이 있으며, 배는 흰색이다. 날
개 모양의 큰 가슴지느러미와 뒷지느러미가 특징이다. 입은 머리의 앞쪽에 위치한다.
몸길이는 2.5m 내외이다.

생태: 수심 10m 정도 깊이의 모래나 펄 바닥에서 작은 물고기나 오징어 등을 잡아먹는
다. 난태생 어종으로 한 번에 새끼를 수십 마리씩 낳는다.

분포: 우리나라 전 연안에서 서식하며 제주도에서도 가끔 고기잡이 그물에 잡힌다.

기타 특성: 상어와 가오리의 중간 형태이며, 우리나라에서는 흔하지 않지만 겨울철에
넙치잡이 어선에 새끼를 낳는 어미들이 가끔 잡힌다.

홍어목 | 전기가오리과

전기가오리

학명: *Narke japonica* 지방명: 시끈가오리

외국명: Electric ray (영); シビレエイ(shibirei) (일)

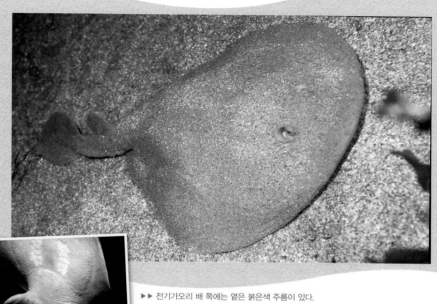

▶▶ 전기가오리 배 쪽에는 옅은 붉은색 주름이 있다.

형태: 몸통은 거의 타원형으로 둥근 편이며, 꼬리가 짧고 통통하다. 전체적으로 갈색을 띠며 눈은 매우 작고 눈 뒤의 공기나 물이 드나드는 작은 구멍인 분수공이 돋아 있다. 몸통 중간의 피부 아래에는 벌집 모양의 발전기가 있어서 위험을 느끼면 등 쪽은 '+', 배 쪽은 '−' 전기를 일으킨다. 한 번에 많은 전기를 만든 후에는 회복될 때까지 전기를 일으키지 못한다. 몸길이는 40cm 내외이다.

생태: 연안의 얕은 바다에서 서식하는 난태생어로, 5~7월경에 5~6마리 새끼를 낳는다.

분포: 제주도를 포함한 우리나라 서해 남부 해역과 남해, 일본 중부 이남, 필리핀, 중국에 널리 분포한다.

기타 특성: 전기를 낼 수 있는 발전기관을 가진 희귀 어종이므로 발전 실험용으로 이용할 수 있다. 자원량이 많지 않아 수산 어종으로는 잘 알려지지 않았지만, 연안 어민들은 매운탕감으로 이용한다.

27

목탁가오리

가래상어과 | **홍어목**

학명: *Platyrhina sinensis* 지방명: 목대기
외국명: Fanray (영): ウチワザメ(uchiwa-zame) (일)

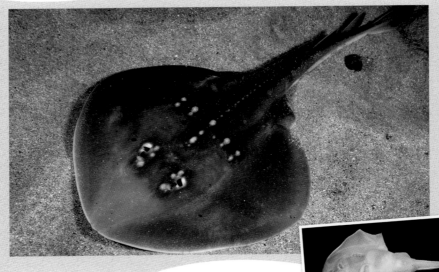

▶▶ 갓 태어난 목탁가오리 새끼는 아직 흡수하지
않은 작은 난황 주머니를 달고 있다.

형태: 몸은 거의 원형으로 둥근 편이고 전체적으로 회황
색을 띠며 황색 반점이 있다. 배는 흰색이다. 등 쪽에 혹
모양의 돌기가 십자형으로 나열되어 제1등지느러미 앞까지 발달해 있다. 눈과 아가미
구멍은 작으며, 눈 앞쪽 언저리에 1개, 뒤쪽 언저리에 2개의 가시가 있다. 이빨은 작고
편평하다. 등지느러미는 작고 뒷지느러미는 없다. 몸길이는 70cm에 이른다.

생태: 수심 60m 내외의 모래와 바위가 섞인 바닥에서 산다. 산란기는 봄철이며 6~7cm
몸길이의 작은 새끼를 십여 마리 낳는다. 바닥층에서 서식하는 새우, 게 등 무척추동물
을 잡아먹는다.

분포: 우리나라 서해와 남해에서 서식하며, 일본 중부 이남에서 남중국해까지 널리 분
포한다.

기타 특성: 매끈한 외형이지만 껍질이 매우 딱딱하고 잘 벗겨지지 않아 요리하기가 쉽
지 않다. 맛은 여느 가오리와 비슷하다.

홍어목 | 홍어과 # 무늬홍어

학명: *Okamejei acutispina*

외국명: Sharpspine skate (영); モヨカスベ(moyokasube) (일)

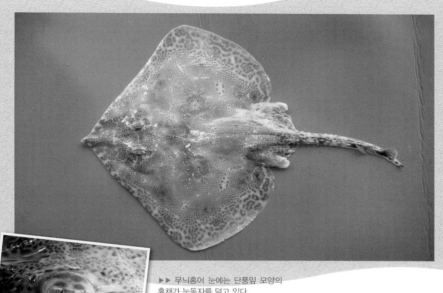

▶▶ 무늬홍어 눈에는 단풍잎 모양의 홍채가 눈동자를 덮고 있다.

형태: 홍어와 몸 윤곽은 비슷하지만 몸에 깨알같이 작고 검은색 반점이 흩어져 있는 것이 특징이다.

생태: 모래 또는 모래펄 바닥에서 서식하며, 무척추동물 또는 어류를 먹고 산다. 암수의 짝짓기로 체내수정을 하여 5~5.4×2.5~2.9cm 크기의 껍질이 딱딱한 알을 낳는 난생이다. 어릴 때는 어미와 같은 큰 물고기를 따라다니는 습성이 있다.

분포: 우리나라 남해안, 일본, 동중국해에서 널리 서식한다.

기타 특성: 어시장에서는 홍어로 취급하기도 하는 식용 어종이다.

흑가오리 색가오리과 | 홍어목

학명: *Dasyatis matsubarai* 지방명: 먹가오리
외국명: Pitted stingray(영); ホシエイ(hoshiei)(일)

▶▶ 귀여운 얼굴 같은 흑가오리의
배는 전체적으로 흰색을 띤다.

형태: 몸 앞쪽은 폭이 넓은 오각형이고 특히 가슴지느러미
의 좌우 폭이 넓은 형이다. 몸 색은 등이 전체적으로 검자줏빛을 띠고, 배 쪽은 흰색이
다. 주둥이는 뾰족하지 않으며 회초리형의 꼬리 위에 크고 작은 독가시가 있다.

생태: 따뜻한 바다에서 서식하는 아열대성 어종이며 난태생이다. 바닥에서 서식하는
게, 새우 등을 먹고 산다.

분포: 우리나라 남해, 일본 등 북서 태평양에 분포한다.

기타 특성: 제주도 연안에서 드물게 출현하는 종이어서 수산 어종으로는 알려져 있지
않다. 2009년 제주도에서 폭 200cm, 길이 280cm인 개체가 잡힌 기록이 있다.

홍어목 | 흰가오리과

흰가오리

학명: *Urolophus aurantiacus*

외국명: Sepia stingray (영); ヒラタエイ(hirataei) (일)

▶▶ 모래에 묻힌 흰가오리의 꼬리 끝이 뭉툭하다.

형태: 몸에는 비늘이 없고 등은 황갈색, 배는 흰색을 띠며 점액이 많다. 꼬리 위쪽에 독가시가 하나 있다. 노랑가오리와 체반(몸통과 머리 부분이 가슴지느러미와 합쳐져 넓고 평평한 가오리류의 몸 부위) 형태는 비슷하지만, 꼬리지느러미가 있는 꼬리는 짧고 통통하며 몸길이가 40cm 내외의 소형종인 점이 다르다. 참고로 노랑가오리는 약 1m 크기의 대형 가오리이며 꼬리가 채찍형으로 길고 꼬리지느러미가 없다.

생태: 모래 바닥이나 연안의 암반 지대에서 서식하며 봄철에 암수가 짝짓기를 하여 체내수정을 한다. 짝짓기는 수컷이 암컷을 감싸는 식으로 이루어지며 시간은 10여 분으로 알려져 있다. 바닥에서 서식하는 게, 새우 등을 먹고 산다.

분포: 우리나라 서해와 남해, 제주도 연안에서 서식하며 일본 혼슈 이남, 동중국해에 분포한다.

기타 특성: 식용할 수 있으나 흔치 않은 종이어서 어시장에서는 쉽게 볼 수 없다. 제주도 남부 연안에서 스쿠버다이버들이 종종 만나는 종이다.

31

뱀장어 뱀장어과 | 뱀장어목

학명: *Anguilla japonica* **지방명**: 민물장어, 참장어, 꾸무장어
외국명: Common eel (영); ウナギ(unagi) (일)

▶▶ 등 뒷지느러미와 이어져 있는
꼬리지느러미의 끝이 뾰족하다.

32

형태: 몸은 가늘고 긴 원통형으로 전형적인 장어형이다. 등은 초록색, 청자색, 청록색 등 서식 장소나 나이에 따라 다양한 편이며, 배 쪽은 약간 누른빛을 띠는 흰색인데 양식한 것은 흰색이 강하고 자연산은 노란색이 강한 편이다. 배지느러미는 없고 등·꼬리·뒷지느러미가 이어져 있다. 비늘은 퇴화하여 피부 아래에 묻혀 있어 몸이 매끄럽다. 큰 입을 가진 주둥이는 뾰족하며 아래턱이 위턱보다 발달했다. 아가미구멍은 머리 뒷부분 몸 옆면에 있으며 수직으로 찢어진 형이다. 몸길이는 60cm 내외가 흔하지만, 몸통 굵기가 10cm에 가깝고 길이가 1m급인 대형어도 충주댐 같은 대형 댐에서 확인된다.

생태: 강에서 살다가 산란을 위해 바다로 내려가는 강해형(江海型) 어종이다. 바다에서 부화 후 일정 기간 버들잎 모양의 투명한 렙토세팔루스Leptocephalus 어린 시기를 거치며, 강 하구에 다다르면 몸길이가 짧아지면서 가느다란 실모양의 실뱀장어(흰실뱀장어(백자), 흑실뱀장어(흑자)로 변해 강을 거슬러 올라가 강에서 어미가 될 때까지 자란다. 민물이 솟아나는 곳이 많은 제주도 연안과 포구에서도 볼 수 있다. 봄철에 산란하러 바다로 내려가는 어미는 필리핀 근해의 깊은 바다에 이르러 산란한 후 죽는 것으로 추정한다. 수명은 정확하지 않지만 십 년 내외로 추정된다. 지렁이, 새우, 물고기 등을 먹는다.

분포: 우리나라 전 연안과 강, 하천에서 서식하며, 일본과 중국 전 지역에 널리 분포한다.

기타 특성: 영양이 풍부해 예로부터 환자나 노약자를 위한 보양식 재료로 인기가 있으며, 장어류 중에서도 고급 어종에 속한다. 이 종은 아직 대량 종묘 생산기술이 확립되지 않아 자연산 실뱀장어를 채집하여 양식하고 있는데, 자연산 실뱀장어의 채집만으로는 그 생산량이 모자라 최근에는 유럽산 뱀장어의 새끼를 수입하기도 한다. 유럽산 뱀장어는 *A. anguilla*로 우리 뱀장어와는 종이 다르다.

나망곰치 곰치과 | 뱀장어목

학명: *Gymnothorax reticularis*
외국명: Dusky-banded moray, spotted moray (영); ウミウツボ(umiutsubo) (일)

형태: 몸은 긴 장어형이며 통통한 편이다. 가슴과 배지느러미가 없으며 몸의 옆면에는 등지느러미와 뒷지느러미에서 시작되는 넓은 갈색 띠가 있다. 가장자리에 톱니를 가진 송곳니가 아래위턱에 발달해 있다. 몸길이가 60cm 내외인 소형 곰치류이다.

생태: 연안 모래펄 바닥에서 서식하며, 우리나라에서는 희귀한 종이나 열대 지방으로 갈수록 많다. 수심 100m의 깊은 모래자갈 바닥에서도 산다. 바닥층에서 서식하는 물고기, 새우, 게 등을 먹고 산다.

분포: 우리나라 제주도에서 발견된 적이 있으며, 일본 남부에서 인도양까지 분포하는 열대 어종이다.

기타 특성: 저인망으로 잡히는 경우가 종종 있어 모래펄 바닥에서도 서식하는 것을 알 수 있다. 중국에서는 약재로 사용하기도 한다.

바다뱀

뱀장어목 | 바다뱀과

학명: *Ophisurus macrorhynchus*

외국명: Longbill eel, Snake eel (영); ダイナンウミヘビ(dainanumihebi) (일)

▶▶ 몸이 가늘고 매우 긴 바다뱀류

형태: 몸이 가늘고 긴 장어형이며 뚜렷한 무늬는 없다. 주둥이가 뾰족하며 머리의 옆줄 감각구멍은 흑점 가운데 열려 있다. 몸길이는 60cm 내외가 흔하지만 최대 140cm 까지 자란다.

생태: 온대성 어종이며 연안이나 내만의 모래 또는 자갈 바닥에서 서식한다. 새우나 게처럼 바닥에서 사는 동물들을 잡아먹고 산다.

분포: 우리나라 서해와 남해, 일본 중부 이남에서 남서 태평양, 인도양까지 널리 서식한다.

기타 특성: 제주도 남부 연안에서 스쿠버다이버들은 바다뱀이 모래 바닥에 파고 들어가 뾰족한 주둥이와 눈만 내밀고 있는 모습을 종종 보기도 한다. 독은 없으나 흔하지 않는 종이라 식용하지 않는다.

먹붕장어 붕장어과 | 뱀장어목

학명: *Ariosoma anagoides* 지방명: 바다장어
외국명: Sea conger(영); ハナアナゴ(hanaanago) (일)

형태: 붕장어와 비슷하지만 눈이 매우 크고 흰 테두리가 있는 길쭉하게 생긴 동공이 특징이다. 몸길이는 50cm 내외이다.

생태: 수심 10~20m인 모래나 모래펄 바닥의 얕은 연안에서 산다. 바닥의 갯지렁이, 소형 갑각류를 잡아먹고 사는 열대 어종이다.

분포: 우리나라 남해와 제주도, 일본 남부에서 남중국해, 인도 동부, 호주 북부 연안까지 분포한다.

기타 특성: 식용하는 어종이지만 우리나라에서는 많이 잡히지 않는다.

뱀장어목 | 붕장어과 # 붕장어

학명: *Conger myriaster* 지방명: 아나고, 바다장어
외국명: White-spotted conger (영); マアナゴ(maanago) (일)

▶▶ 버들잎을 닮은 붕장어의 렙토세팔루스 어린 물고기

형태: 몸은 긴 원통형이다. 옆줄구멍에는 흰 반점이 있고 옆줄 위로 한 줄의 흰 반점이 있으나 옆줄 반점보다 수는 적다. 등은 다갈색, 배는 흰색을 띤다. 등지느러미, 뒷지느러미, 꼬리지느러미의 가장자리가 검다. 몸길이는 1m 정도이다.

생태: 연안의 모래나 개펄 바닥에 살며, 가을이 되면 제주도 서남 해역으로 이동한다. 암컷은 4~5월에 대륙붕 주변에서 산란한 후 죽는다. 알에서 부화된 새끼는 버들잎 모양의 어린 시기(렙토세팔루스)를 거치며 난류를 따라 연안으로 이동해 장어형으로 변태한다. 암컷이 수컷보다 성장이 빠르다. 부화한 지 만 1년이면 15cm, 2년에는 30cm, 4~5년에 50~60cm, 7년 만에 90cm 내외로 자란다. 어린 물고기, 새우, 게, 갯지렁이 등을 먹는다.

분포: 우리나라 전 연안, 일본, 동중국해에 분포한다.

기타 특성: 가장 흔히 볼 수 있는 바다장어류이며, 회와 구이 요리로 인기가 높다.

멸치 멸치과 | 청어목

학명: *Engraulis japonicus* **지방명:** 메루치, 멸, 멜, 멜치
외국명: Anchovy (영); カタクチイワシ(katakuchiwashi) (일)

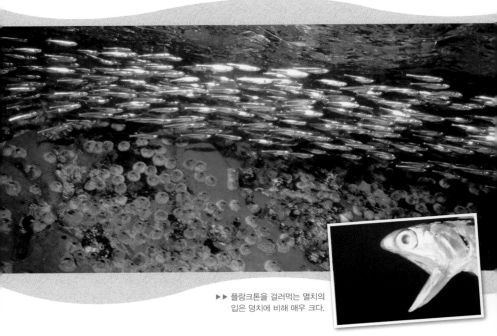

▶▶ 플랑크톤을 걸러먹는 멸치의
입은 덩치에 비해 매우 크다.

형태: 몸은 긴 원통형에 등은 짙은 청색, 배는 은백색을 띤다. 옆구리에 은백색 세로줄
이 있다. 입이 매우 커서 눈보다 훨씬 뒤까지 찢어져 있고 위턱은 돌출된 형태이다. 옆
줄은 없으며, 비늘이 얇고 약하여 잘 벗겨진다.

생태: 수심 0~20m의 표층에서 주로 동물플랑크톤을 먹는다. 낮에는 조금 깊은 곳에
머물다 밤에는 거의 표층까지 떠오른다. 가을이면 봄에 부화한 개체는 8~10cm, 전해
가을에 부화한 개체는 1년 만에 11~13cm로 자란다. 수명은 1~2년이고 몸길이는 최대
15cm까지 자란다.

분포: 우리나라 전 연안, 일본, 중국에서 서식한다.

기타 특성: 연안의 자원량이 풍부한 편이며 예로부터 회, 마른 멸치, 젓갈 등으로 식용
해 왔다. 마른 멸치는 크기에 따라 2cm 내외는 지루멸(지리), 7cm 내외는 가이리(가이루),
15cm 내외는 고바, 고주바, 주바, 오바, 다시멸이라 부른다. 크기별로 가격이 다른데 볶
음 등 반찬이나 마른 멸치로 그냥 먹는 2~7cm의 지루멸과 가이리가 가장 비싸다.

청어목 | 청어과 **샛줄멸**

학명: *Spratelloides gracilis* 지방명: 꽃멸, 꽃멸치
외국명: Silver stripe round herring (영); キビナゴ(kibinago) (일)

▶▶ 몸의 옆면에 은색 띠가 굵게 보인다.

형태: 몸은 가늘고 긴 원통형으로 전형적인 멸치형 몸
매이다. 입은 작아 위턱 뒤끝이 눈 앞 가장자리에 이르
며, 입이 커서 눈 뒤까지 턱이 열리는 멸치와는 쉽게 구분된다. 눈에는 기름 눈꺼풀이
있다. 옆줄은 불분명한 대신 몸의 옆면 중앙을 가로지르는 은백색의 굵은 띠가 이 종의
특징이다. 뒷지느러미에는 12~13개의 기다란 줄기가 있다. 몸길이는 10cm 내외이다.

생태: 따뜻한 바다를 좋아하여 난류의 영향을 받는 연안에 떼를 지어 몰려다닌다. 태
어난 지 1년 만에 알을 낳을 수 있으며, 5~8월 사이에 내만이나 하구, 제주도 연안으로
몰려와 산란을 한다. 수명은 2년으로 추정된다.

분포: 우리나라 동해와 남해, 일본 중부 이남에서 인도, 중부 태평양까지 분포한다.

기타 특성: 제주도에서는 젓갈로 만들어 식용한다. 일본에서는 규슈 가고시마현의 특
산물로도 유명하다.

쏠종개 쏠종개과 | 메기목

학명: *Plotosus lineatus* **지방명:** 쐬기
외국명: Striped sea catfish (영); ゴンズイ (gonzui) (일)

▶▶ 어릴 때는 무리를 지어 생활한다.

형태: 몸은 갈색이고 옆면에 노란색 줄이 두 줄 있다.
입가에 4쌍의 수염이 있다. 몸길이는 25cm 내외이다.

생태: 유일하게 바다에 사는 메기과 물고기로 열대성 어종이다. 어린 새끼들은 낮에는
바위틈이나 어두운 곳에 무리를 지어 있다가 해가 지면 떼를 지어 먹이활동을 한다. 주
로 작은 새우나 동물플랑크톤을 잡아먹는다. 성어(成魚)가 되면 무리에서 떨어져 단독생
활을 하기도 한다.

분포: 우리나라 제주도 연안에서 주로 볼 수 있으며 전남 · 경남 지방의 연안에서도 가
끔 볼 수 있다. 남서 태평양, 인도양, 홍해, 아프리카 동부 연안까지 널리 분포한다.

기타 특성: 배와 등지느러미의 가시는 강하고 독이 있어 수중에서 만나거나 낚시로 잡
았을 때 조심해야 한다.

꽃동멸

학명: *Synodus variegatus*

외국명: Lizardfish, Variegated lizardfish, Red lizard fish (영); ミナミアカエソ(minamiakaeso) (일)

▶▶ 입이 크고 눈은 주둥이 앞쪽에 위치한다.

형태: 머리는 아래위로 약간 납작한 형태이며 몸은 원통형이다. 황갈색 바탕에 적갈색의 불규칙한 반점이 줄지어 있어 화려하다. 입은 크며 양턱에는 작고 날카로운 이빨이 두 줄로 빽빽하게 나 있다. 배지느러미는 가슴지느러미보다 두 배 이상 길다. 몸길이는 25cm까지 자란다.

생태: 따뜻한 바다를 좋아하는 열대 어종이며, 연안에서 수심 60m 정도의 얕은 바다의 암초 지대, 모래 바닥에 주로 산다. 낮에는 모래에 몸을 묻고 머리만 내민 채 지내기도 한다. 작은 물고기를 주로 먹으며, 알은 분리부성란(알에 점성이 없어 서로 떨어져 있으며, 물에 떠 다니면서 수정·부화하는 알)으로 수면에 흩어진다.

분포: 우리나라 남해, 제주도 연안에서 하와이, 남서 태평양, 인도양, 동아프리카 연안까지 널리 서식한다.

기타 특성: 우리나라에서는 많이 잡히지 않지만, 열대 지방에서는 날것 또는 소금을 뿌린 염장품으로 식용하는 수산 어종이다.

황매퉁이 매퉁이과 | 홍메치목

학명: *Trachinocephalus myops*
외국명: Snake fish, Bluntnose lizard fish, Ground spearing (영); オキエソ(okieso) (일)

▶▶ 입이 매우 크며 아래위턱에
작은 송곳니가 발달해 있다.

형태: 몸의 형태는 매퉁이와 비슷하지만 적황색 바탕에
3~4줄의 가느다란 회청색 세로띠가 있어 이것으로 구분한다. 배 쪽은 은백색을 띠며,
아가미뚜껑 위쪽에 검은색 점이 있다. 작은 눈은 머리의 앞쪽 윗부분에 치우쳐 있다. 아
래턱이 위턱보다 앞쪽으로 약간 돌출되어 있으며 아래위턱에는 작은 이빨이 두 줄로 발
달해 있다. 몸길이는 30cm 내외이다.

생태: 연안에서 수심 100m 내외 앞바다의 모래 바닥에서 주로 서식한다. 낮에는 모래
속에 몸을 숨기고 눈만 내놓고 있다가 밤이 되면 나와 먹이활동을 하며, 어린 물고기를
잡아먹는다. 우리나라에선 여름철에 산란하는데 열대 바다에서는 연중 산란을 한다.

분포: 우리나라 남해, 제주도, 일본 중부 이남의 온대 바다에서 열대 바다까지 널리
분포한다.

기타 특성: 먹이에 대한 탐식성이 강한 편이며, 제주도 연안에서는 배 위에서 외줄낚시
로 낚기도 한다.

홍메치목 | 매퉁이과 **주홍꽃동멸**

학명: *Synodus hoshinonis* 지방명: 매퉁이
외국명: Blackear lizardfish (영); ホシノエソ(hoshinoeso) (일)

형태: 몸의 형태는 꽃동멸과 닮았으며 주홍색이 짙다. 입은 매우 크며 아래위턱에 날카롭고 작은 이빨들이 발달해 있다. 몸길이는 25cm 내외이다.

생태: 따뜻한 바다의 모래, 모래펄, 자갈 바닥에서 서식하는 소형 열대 어류이며, 바닥의 갯지렁이, 소형 갑각류를 잡아먹는다. 알은 체외수정을 하며 수정란은 물 속에 떠다니면서 부화한다.

분포: 우리나라 제주도 연안에서 확인된 적이 있다.

기타 특성: 우리나라에서는 자원이 적어서 수산 어종으로 취급하지 않지만, 열대 지방에서는 신선한 것을 어시장에서 판매한다.

황아귀 아귀과 | 아귀목

학명: *Lophius litulon* **지방명:** 아구, 물텀벙

외국명: Yellow goosefish, Anglerfish (영); キアナゴ(kianago) (일)

▶▶ 강한 육식성 어종으로 아래위턱에
날카로운 이빨이 나 있다.

형태: 몸이 위아래로 납작하여 바닥에서 서식하기에
적합하다. 입이 매우 크며 입 속은 검은색이다. 아래턱
이 위턱보다 길고, 양턱에는 날카로운 송곳니가 밀집되
어 있다. 등지느러미 맨 앞 가시는 가늘고 길며, 끝에 납작한 피질돌기가 달려 있어 먹
이를 유인하는 역할을 한다. 몸길이는 1.5m이다.

생태: 수심 25~250m의 깊은 바다에서 살며, 알은 한천질에 싸인 띠 모양이고 수면 가
까이로 떠다니며 부화한다.

분포: 우리나라 동해 남부, 남해, 서해 남부에서 동중국해에 이르는 바다에서 분포한다.

기타 특성: 스쿠버다이버의 수중 손전등을 물고 놓지 않는 사례가 있을 정도로 성질이
포악하다. 한때 외면을 받던 어종이지만 찜과 탕으로 인기가 높아졌다. 인천의 물텀벙
탕, 경남 마산과 삼천포의 아구찜이 지역 요리로 자리 잡았다.

아귀목 | 씬벵이과 **큰씬벵이(가칭)**

학명: *Antennarius commerson*

외국명: Giant frogfish, Commerson's frogfish (영); オオモンイザリウオ(oomonizariuo) (일)

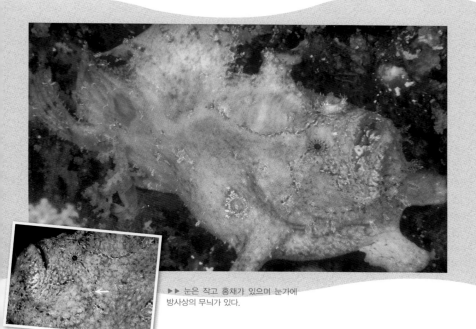

▶▶ 눈은 작고 홍채가 있으며 눈가에 방사상의 무늬가 있다.

형태: 몸은 등이 높은 타원형이며, 개체에 따라 노란색, 주황색, 녹색, 갈색, 검은색 등으로 다양하고 얼룩덜룩한 무늬가 있어 주위 환경과 잘 어울린다. 몸 표면에는 비늘이 없고 작은 돌기가 퍼져 있어 꺼칠꺼칠하게 보이지만 실제로는 부드럽고 연하다. 입은 위쪽으로 열리며 주둥이 위의 등지느러미는 끝에 헝겊 조각처럼 생긴 돌기가 있어 먹이를 유인한다. 몸길이는 40cm 내외로 씬벵이류 중 가장 몸집이 큰 대형종이다.

생태: 산호초나 암초가 발달한 해안에서 수심 70m 바닥에서 서식하며, 주둥이 위에 발달한 안테나형 돌기로 작은 고기를 유인하여 잡아먹는다. 리본 또는 덩어리 모양의 점액질에 싸인 알을 낳는다.

분포: 우리나라에서는 제주도 남부 서귀포 앞바다에서 발견된 적이 있으며, 인도양, 동부 태평양, 하와이 연안의 열대 · 아열대 해역에 널리 분포한다.

기타 특성: 가슴지느러미와 배지느러미를 바닥에 대고 마치 걷듯이 움직인다. 행동이 느리고 모습이 독특하여 수중 사진작가들에게 인기가 높다.

무당씬벵이 씬벵이과 | 아귀목

학명: *Antennarius maculatus* 지방명: 씬벵이
외국명: Warty frogfish (영); クマドリイザリウオ(kumadorizariuo) (일)

형태: 몸에 노란색 또는 유백색 바탕에 불규칙한 붉은색과 적갈색 무늬가 있어 물속에서는 물고기라기보다 흰색이나 노란색 해면 덩이처럼 보인다. 몸길이는 15cm 내외인 소형 씬벵이다.

생태: 열대 바다의 연안 암초나 산호초 지대에서 서식하며 주로 작은 물고기를 잡아먹는다. 리본 또는 덩어리 모양의 점액질에 싸인 알을 낳는다.

분포: 우리나라 제주도 남부 해역에서 발견된 적이 있으며 일본 남부, 인도양, 남서 태평양에 널리 분포한다.

기타 특성: 열대 씬벵이류의 일종으로, 제주도 남부 해역에서 관찰된 적이 있다.

아귀목 | 씬벵이과 **영지씬벵이**

학명: *Antennarius pictus* 지방명: 씬벵이
외국명: Painted frogfish (영); イロイザリウオ(irozariuo) (일)

▶▶ 영지씬벵이의 머리와 촉수

형태: 몸 색은 노란색, 회색 등으로 변이가 매우 심하며 온몸이 작은 돌기로 덮여 있다. 등지느러미에 4개, 꼬리지느러미에 3개의 점이 있다. 생김새가 비슷한 무당씬벵이와는 등지느러미 가시가 끝부분 쪽으로 갈수록 가늘어지는 점이 다르다. 몸길이는 30cm 내외이다.

생태: 산호초나 암초 지대에서 살며 작은 고기를 잡아먹는다. 리본 또는 덩어리 모양의 점액질에 싸인 알을 낳는다. 어린 개체들은 모래 바닥에 머물기도 하지만 어미는 대부분 암초나 산호초 주위에 머무른다.

분포: 우리나라 제주도, 인도양, 태평양의 얕은 산호초 지역에서 서식한다.

기타 특성: 몸 색과 무늬가 화려하지만 사람에게 해가 되는 독은 없다.

빨간씬벵이 씬벵이과 | 아귀목

학명: *Antennarius striatus* **지방명:** 씬벵이
외국명: Striped anglerfish, Striped frogfish (영); イサリウオ(izariuo) (일)

▼▼ 빨간씬벵이의 다양한 변이 개체

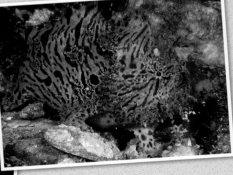

형태: 몸은 타원형이며 옅은 노란색, 주황색, 황갈색 바탕에 물결 모양의 갈색 반점들이 흩어져 있다. 끝에 흰 피질막이 있는 실 모양의 기다란 제1등지느러미는 작은 물고기를 유인하는 낚시 역할을 한다. 개체에 따라 몸 색이나 표피의 형상이 매우 다양하며 열대 해역에서는 털북숭이처럼 된 변이 개체도 발견된다. 몸길이는 10cm 내외이다.

생태: 연안의 산호초나 암초 지대에서 주로 서식한다. 리본 또는 덩어리 모양의 점액질에 싸인 알을 낳으며, 알은 둥둥 떠다닌다. 작은 물고기를 주로 잡아먹고 산다.

분포: 우리나라 남해와 제주도, 열대 해역에 주로 분포한다.

기타 특성: 제주도 연안의 암초 지대에서 흔히 발견되는 종으로 개체에 따라 몸 색이 매우 다양하여 수중 사진작가들에게 인기가 높다.

▶▶ 빨간씬벵이의 먹이 유인 촉수

갈색띠씬벵이(가칭) 씬벵이과 | 아귀목

학명: *Antennatus tuberosus*

외국명: Tuberculated frogfish, Pygmy angler, Bandfin frogfish (영);

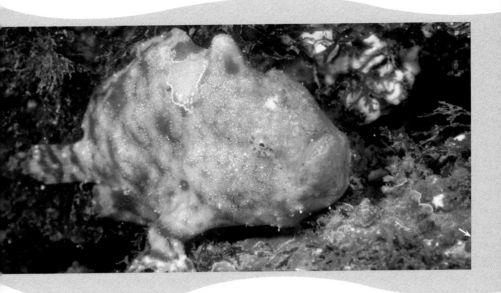

형태: 몸은 둥근 공 모양이며 몸 색의 변이가 심하다. 뒷지느러미와 꼬리지느러미 위에 넓은 검은색 띠가 있으며 가장자리도 검다. 제2등지느러미의 줄기 수는 12개이다. 수조에서 실험 사육을 할 때 처음 흑회색이었던 몸 색이 2주 만에 밝은 크림색으로 변한 기록이 있을 정도로 색의 변화가 심하다. 최대 몸길이가 9cm 정도인 소형 씬벵이류이다.

생태: 수심 10m 내외의 얕은 바다에서 주로 발견되며, 리본 또는 덩어리 모양의 점액질에 싸인 알을 낳는다. 작은 물고기나 동물을 잡아먹는 육식성 어종이다.

분포: 우리나라는 제주도 남부 해역의 암초 지대에서 발견된 적이 있으며 인도양, 태평양의 열대 해역에 주로 분포한다.

기타 특성: 독이 있어 식용하면 안 된다.

노랑씬벵이

학명: *Histrio histrio* **지방명:** 씬벵이
외국명: Sargassum fish, Sargassum anglerfish (영); ハナオコゼ(hanaokoze) (일)

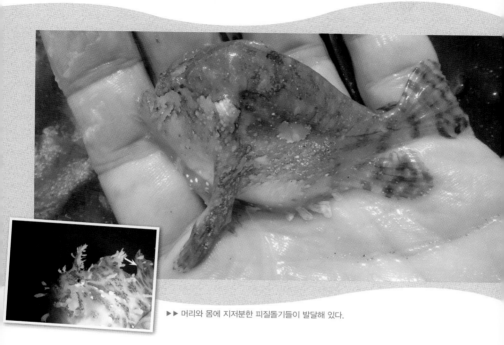

▶▶ 머리와 몸에 지저분한 피질돌기들이 발달해 있다.

형태: 공 모양의 몸은 물렁물렁하며 노란색 바탕에 형태가
일정하지 않은 흑갈색 얼룩무늬가 몸 전체에 흩어져 있다. 입은 위쪽으로 비스듬히 열
리며 아래위턱에 작은 이빨들이 나 있다. 아가미구멍은 동그랗다. 몸에 비늘은 없으며
몸 옆면에 피질판들이 있다. 몸 색은 변이 개체가 심한 편이다. 몸길이는 25cm 내외이다.

생태: 암초 위에 앉아 작은 물고기들을 잡아먹는다. 봄철에는 변형된 가슴지느러미로
모자반과 같은 해조류 줄기를 잡고 표층을 떠다니면서 해조류에 모여든 작은 물고기나
동물플랑크톤을 잡아먹기도 한다. 리본 또는 덩어리 모양의 점액질에 싸인 알을 낳으
며, 열대 바다에서는 연중 산란을 한다.

분포: 우리나라 남해, 제주도 연안의 따뜻한 바다, 일본 홋카이도에서 호주 연안, 하와
이, 캐나다, 미국, 북서 대서양 연안에 분포한다.

기타 특성: 채집한 지 몇 시간도 되지 않아 수조 안에 같이 있던 방어 새끼들을 잡아먹
을 정도로 포식성이 강하다.

숭어 숭어과 | 숭어목

학명: *Mugil cephalus* 지방명: 모치, 수어, 개숭어
외국명: Gray mullet (영); ボラ(bora) (일)

▶▶ 숭어의 입은 바닥의 유기물을
훑어먹기 좋게 생겼다.

형태: 몸은 원통형이며 머리는 아래위로 납작하다. 등은 청색이고 옆구리와 배는 은백색이다. 비늘 위의 검은색 점들은 마치 세로줄 무늬로 보인다. 가숭어와 달리 눈에 기름눈꺼풀이 있는데 늦여름부터 차츰 자라나 겨울에는 눈 전체를 덮는다. 몸길이는 80cm 내외이다.

생태: 바다에서 부화한 숭어 새끼는 하천을 따라 거슬러 올라간다. 수컷은 31cm, 암컷은 35cm 정도가 되면 바다로 내려가 가을과 겨울에 걸쳐 산란을 한다. 수온이 20~23℃인 비교적 따뜻한 바다에서 산란을 하며 바닥은 암반 지대를 좋아한다. 어린 새끼는 바닥에 사는 작은 동물들을 주로 먹지만, 자라면서 부착성 조류(규조류, 남조류)나 바닥의 유기물질을 먹는다.

분포: 우리나라 전 연안을 포함하여 대서양, 태평양의 온대 · 열대 지방에 널리 분포한다.

기타 특성: 꼬리지느러미로 수면을 세게 치면서 1.2~1.5m까지 뛰어오른다. 횟감으로인기가 있으며, '밤'이라 불리는 숭어의 위를 회로 먹으면 쫄깃한 맛이 일품이다.

색줄멸목 | 물꽃치과 # 물꽃치

학명: *Iso flosmaris*   지방명: 멸

외국명: Flower of the surf, Flower of the waves (영); ナミノハナ(maminohana) (일)

▶▶ 물꽃치는 떼를 지어 다닌다.

형태: 몸은 멸치보다 짧고 좌우로 납작하다. 머리는 납작하며 가슴지느러미는 몸통의 앞쪽에 있다. 등은 푸른색이며 몸의 옆면 중앙에서 배까지는 은색이다. 몸길이는 5cm 가량으로 작다.

생태: 파도로 물거품이 이는 바위 연안 표층에서 떼를 지어 몰려다니는 것을 흔히 볼 수 있다. 조수(潮水) 웅덩이에 들어오기도 한다. 표층에 사는 작은 플랑크톤을 먹고 사는 온대성 어종이다.

분포: 우리나라 동해, 남해, 제주도 연안과 일본 남부에서 서식한다.

기타 특성: 식용할 수는 있지만 어업 대상종은 아니다.

학공치 학공치과 | 동갈치목

학명: *Hyporhamphus sajori* 지방명: 학공치, 공미리, 공치, 꽁치
외국명: Halfbeak, (영); サヨリ(sayori) (일)

▶▶ 주둥이가 긴 학공치의 아래턱이
위턱보다 길게 돌출되어 있다.

형태: 몸은 원통형이며 몸 색은 푸른색과 은백색으로
아름답다. 주둥이는 길고 위턱보다 아래턱이 길게 돌
출되어 있으며 아래턱 끝은 황적색을 띤다. 등은 그물무늬가 있는 회청색, 배는 은백색
이다. 몸길이는 40cm까지 자란다.

생태: 0~5m의 표층을 떼 지어 다니며 주로 동물플랑크톤을 먹고 산다. 수면 위로 뛰
어오르기도 한다. 봄철에 가느다란 끈이 있는 알을 낳아 떠다니는 해조류에 붙인다. 어
릴 때는 아래위턱이 길지 않지만 자라면서 아래턱만 앞으로 길게 돌출한다. 동물플랑크
톤과 작은 새우류 등을 먹는다.

분포: 우리나라 전 연안과 일본, 발해, 러시아 블라디보스톡 연안, 타이완 등지에 분포
한다.

기타 특성: 겨울철의 연안 낚시 대상어로 인기가 있으며, 살이 희고 담백하여 초밥용
생선으로도 인기가 높다.

동갈치목 | 동갈치과

동갈치

학명: *Strongylura anastomella*   **지방명:** 공치아재비

외국명: Needle fish (영); ダツ(datsu) (일)

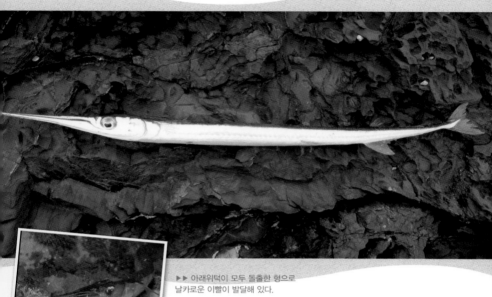

▶▶ 아래위턱이 모두 돌출한 형으로
날카로운 이빨이 발달해 있다.

형태: 몸은 긴 원통형이며 등은 녹색을 띤 청색, 옆구
리와 배는 은백색이다. 아래턱만 길게 돌출한 학공치
와는 달리 아래위턱이 모두 길며 날카로운 이빨이 줄지어 있다. 몸길이는 1m에 이른다.

생태: 따뜻한 연안 표층에 머무르며 작은 물고기를 잡아먹는다. 식성이 좋아 지나가는
물고기들에게 잘 달려든다. 온대 지방에서는 여름철에 산란을 한다.

분포: 우리나라 전 연안, 일본, 타이완 등 북서 태평양 해역에 분포한다.

기타 특성: 식용할 수는 있지만 맛이 좋은 편이 아니어서 값이 싸다. 연안 낚시에 가끔
잡힌다.

철갑둥어 철갑둥어과 | 금눈돔목

학명: *Monocentris japonica* **지방명**: 자래고기
외국명: Pinecone fish (영); マツカサウオ(matsukasauo) (일)

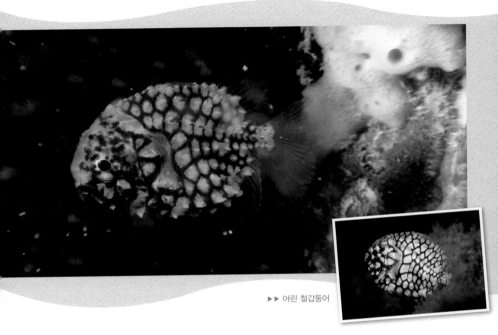

▶▶ 어린 철갑둥어

형태: 몸은 검은색 테두리가 있는 딱딱한 비늘로 덮여 있으며 전체적으로 노란빛을 띠는 아름다운 어종이다. 아래턱에 발광기가 한 쌍 있어서 푸른빛을 낸다. 몸길이는 15cm 이다.

생태: 우리나라 남부 해역의 수심 200m 대륙붕에서 발견되는 등 비교적 깊은 바다에서 살지만 연안에 출현하기도 한다. 열대 어종이며, 연안에서는 바위틈이나 바위 아래에서 단독생활을 한다. 밤에 새우류, 게 등 작은 동물을 잡아먹는다.

분포: 우리나라 동해와 남해, 일본 연안에서 호주 북부, 홍해, 인도양, 아프리카 남부까지 널리 분포한다.

기타 특성: 조명을 어둡게 해놓은 해양 수족관에서 턱의 푸른빛 발광을 관찰할 수 있어서 인기가 높다. 수중 산책을 즐기는 스쿠버다이버들에게도 인기가 있다.

금눈돔목 | 얼게돔과 **도화돔**

학명: *Ostichthys japonicus* **지방명**: 바다붕어

외국명: Deepwater squirrelfish (영); エビスダイ (ebisudai) (일)

▶▶ 입은 크고 경사가 졌으며 아래턱이 위턱보다
돌출되어 있다. 코 위, 눈 앞쪽에 콧구멍이 보인다.

형태: 몸은 타원형이며 등이 높고 좌우로 납작하다.
몸 색은 황금색 광택을 띤 선홍색으로 매우 아름다우
며, 비늘은 두껍고 강하다. 몸길이는 45cm에 이른다.

생태: 수심 90~200m 내외 앞바다의 조개껍질이 섞인 펄이나 모래 바닥에서 주로 서식
한다. 새우, 게 등 갑각류와 물고기를 잡아먹는다. 산란기에는 암수가 체외수정을 한다.

분포: 우리나라 남해와 제주도 연안, 일본 남부, 중국 연안, 동중국해, 타이완 연안에
서 열대 지방까지 널리 분포한다.

기타 특성: 껍질과 비늘이 너무 질기고 강하여 손질하기가 쉽지 않지만 맛은 좋다. 살
은 약간 분홍색을 띠며 단단하면서 단맛이 난다.

57

달고기 달고기과 | 달고기목

학명: *Zeus faber* 지방명: 허너구, 정강이
외국명: John dory (영); マトウダイ(matodai) (일)

▶▶ 먹이를 먹을 때는 주둥이가 앞으로 쑥 나온다.

형태: 몸은 타원형이며 납작하다. 전체적으로 은회색을 띠며 몸 한가운데 흰 테두리로 싸인 크고 둥근 검은색 점이 하나 있다. 등지느러미에 가시 10개가 실처럼 길게 뻗어 있으며 등지느러미와 뒷지느러미 줄기가 시작되는 몸의 좌우에 단단한 가시 돌기들이 발달해 있다. 눈은 머리 위쪽에 있으며, 입은 매우 크고 위쪽을 향하고 있으며 앞으로 돌출하기도 한다. 몸길이는 30~40cm급이 흔하다.

생태: 연안의 암초 지대에서부터 수심 100m 이상 깊은 수심대의 바닥이 펼인 대륙붕 지역까지 서식한다. 몸길이가 30cm 내외로 자라면 남해와 동중국해에서는 겨울부터 봄 사이에 산란한다. 작은 물고기나 오징어 등을 먹는다.

분포: 우리나라 동해의 울릉도와 독도 연안에서 남해, 일본 남부, 동중국해, 서부 태평양, 인도양, 동부 대서양까지 널리 분포한다.

기타 특성: 살이 희고 담백하여 횟감으로도 인기가 높다.

큰가시고기목 | 실고기과 # 부채꼬리실고기

학명: *Doryrhamphus japonicus*

외국명: Black-sided pipefish, Bluestripe pipefish (영); ヨウジ(yoji) (일)

형태: 원통형의 몸은 가늘고 길며 골질판으로 덮여 있다. 전체적으로 황색을 띠며, 검은색의 둥근 꼬리지느러미 위에 아름다운 노란색 반점이 있다. 주둥이가 길다. 몸길이는 10cm 내외이다.

생태: 따뜻한 바다에 살며 작은 플랑크톤을 먹는다. 우리나라 연안에서의 생태는 보고된 것이 없다. 알은 해마와 마찬가지로 수컷이 배의 알주머니 속에 넣고 부화할 때까지 보호한다.

분포: 우리나라 제주도 남부에서 열대 해역에 걸쳐 분포한다.

기타 특성: 서귀포 등 제주도 남부 연안에서 스쿠버다이버들에게 가끔 발견된다.

띠거물가시치 실고기과 | 큰가시고기목

학명: *Halicampus boothae* 지방명: 실고기
외국명: Booth's pipefish (영); ホンウミヤッコ(honumiyatsuko) (일)

▶▶ 띠거물가시치 주둥이

형태: 거물가시치와 외형이 비슷하며, 주둥이가 짧고
몸의 옆면에 마디 모양의 띠무늬가 특징이다. 몸길이는 10cm 내외이다.

생태: 산호가 무성한 곳이나 암초 지대의 연안에서 서식하는 아열대 어종이다. 우리나라 연안에서의 생태는 자세히 보고된 것이 없다.

분포: 우리나라에서는 제주도 남부 연안에서만 서식이 확인된다. 일본 남부, 타이완, 필리핀, 호주 중부, 피지 등 서부 태평양, 인도양에 분포한다.

기타 특성: 1994년 제주도 서귀포의 문섬 연안에서 처음 확인되어 우리나라 미기록 어종으로 보고(『제주도 문섬 주변의 어류상』, 명정구, 1997)되었다.

큰가시고기목 | 실고기과 **복해마**

학명: *Hippocampus kuda* 지방명: 해마
외국명: Spotted seahorse (영); オオウミウマ(oumiuma) (일)

▶▶ 복해마는 마디의 주름이 뚜렷하여
강인한 인상을 준다.

형태: 몸 색은 황갈색, 흑갈색 등 변이가 심하며, 체륜(마디 모양의 주름)을 따라 어두운 색의 점과 띠무늬가 있다. 주둥이가 길지만 그 길이는 머리 길이의 1/2보다 짧다. 마디 모양의 주름은 몸통에 11개, 꼬리에 39개가 있다. 몸길이는 최대 30cm까지 자란다고 알려져 있지만 10cm 내외가 흔하다.

생태: 해조가 무성한 연안의 암초 지대에 산다. 꼬리로 해조 줄기를 감아 몸을 바로 세운 자세로 지나가는 작은 플랑크톤들을 잡아먹는다. 산란기가 되면 수컷이 수정된 알을 배의 알주머니 속에 넣어 부화시킨다.

분포: 우리나라 남해와 제주도 연안, 일본 고치현 이남, 남서 태평양, 인도양까지 널리 서식한다.

기타 특성: 한방에서는 말려서 약재로 사용한다.

점해마 실고기과 | 큰가시고기목

학명: *Hippocampus trimaculatus*
외국명: Longnose seahorse (영); タカクラタツ(Takakuratatsu) (일)

▶▶ 잘피 줄기를 꼬리로 말아
몸을 지탱하고 있다.

형태: 몸 색은 바탕이 황갈색을 띠며, 몸통의 등 쪽 가장자리를 따라 검은색 둥근 점이 3개 있는 것이 특징이다. 주둥이 길이와 머리 길이가 거의 비슷하다. 몸길이는 20cm 내외로 자란다.

생태: 해조가 무성한 연안의 암초 지대, 산호초 지대에서 수심 100m까지 서식하는 열대 어종이다. 이동하거나 회유하지 않으며, 꼬리로 해조류의 줄기를 감고 선 채로 작은 플랑크톤들을 잡아먹는다. 여느 해마류와 마찬가지로 수컷이 수정란을 배의 알주머니 속에서 발생, 부화시킨다.

분포: 우리나라 제주도 연안, 태평양, 인도양, 타히티, 호주의 열대 해역에서 널리 서식한다.

기타 특성: 한약재로 상업적 가치가 있어 양식을 한다. 2005년부터 국제 교류량을 라이센스시스템(최소 크기 10cm)으로 규제, 감시하고 있다.

실고기

학명: *Syngnathus schlegeli*　지방명: 바늘고기
외국명: Pipefish (영); ヨウジウオ(yojiuo) (일)

형태: 몸이 실처럼 가늘고 긴 원통형이다. 주둥이가 길고 양턱에는 이빨이 없다. 몸 표면은 골판으로 덮여 있고, 몸 색은 갈색, 흑갈색을 띠며 작은 흰색 점이 있는 개체도 있다. 체륜은 몸통에 18~20개, 꼬리 쪽에 39~43개가 있다. 배지느러미는 없다. 몸길이는 15cm 내외이다.

생태: 연안의 잘피나 해조 밭에 주로 살며, 위험을 느끼면 해조 사이로 들어가서 위장하여 적을 피한다. 주로 동물플랑크톤을 먹고 산다. 여름철에 산란을 하며 해마류와 마찬가지로 수컷이 배에 있는 알주머니에서 수정란을 부화시키고 새끼가 스스로 헤엄칠 수 있을 때까지 보호한다.

분포: 우리나라 동해와 남해, 일본의 전 연안에 분포한다.

기타 특성: 중국에서는 해마와 함께 '바다의 보배'란 별명을 가지고 있다. 말려서 근육통, 신경통 등의 약재로 쓰인다.

홍대치 대치과 │ 큰가시고기목

학명: *Fistularia commersonii*   지방명: 대치

외국명: Bluespotted cornetfish (영); アカヤガラ(akayagara) (일)

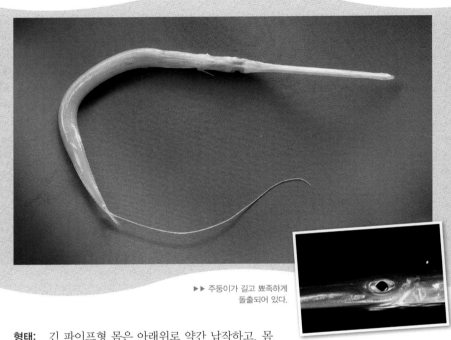

▶▶ 주둥이가 길고 뾰족하게
돌출되어 있다.

형태: 긴 파이프형 몸은 아래위로 약간 납작하고, 몸
색은 적갈색을 띠며 배 쪽은 희다. 주둥이가 길게 돌
출되어 있다. 비늘이 없고 까칠까칠하며, 꼬리지느러미 중앙에 2개의 지느러미 줄기가
실처럼 길게 뻗어 있다. 몸길이는 1.5m에 이른다. 살아 있을 때에는 몸 색과 무늬의 변
화가 심하며 넓은 가로띠들이 나타나기도 한다.

생태: 열대 지방에서 물이 맑고 흐름은 느린 암초나 산호초 지대에서 주로 서식한다.
고개를 비스듬히 아래로 향한 채 가만히 떠 있다가 작은 물고기들이 입 근처를 지나갈
때 재빨리 잡아먹는다. 산란기가 되면 수컷은 물풀 가지로 표층에 집을 지어 암컷을 유
인한다. 수정란은 수컷이 보호하는 습성이 있다.

분포: 우리나라의 남해, 제주도 연안에서 호주, 남서 태평양, 동부 아프리카의 열대 해
역까지 널리 분포한다.

큰가시고기목 | 대치과 **청대치**

학명: *Fistularia petimba* **지방명:** 대치
외국명: Red cornetfish, Flute mouth, Smooth flutefish (영); アオヤガラ(aoyagara) (일)

▶▶ 푸른빛이 또렷한 청대치의 주둥이가
길고 뾰족하다.

형태: 생김새는 홍대치와 매우 비슷해 까칠까칠한 몸
은 긴 원통형이며 주둥이 또한 길다. 몸 색은 살아 있을 때 청색을
띤 올리브색이며, 흥분하거나 헤엄칠 때 몸통에 있는 여러 개의 짙은 가로띠가 마치 네
온사인처럼 반짝이며 꿈틀꿈틀 나타난다. 홍대치와 마찬가지로 중앙의 꼬리지느러미 2
줄기가 실처럼 길게 뻗어 있다. 1.5m 이상 자란다.

생태: 암초가 발달하거나 펄 바닥이 수심 10m 이상의 연안에서 200m 수심대까지 서
식한다. 홍대치와 생태 습성이 비슷해 물속에 가만히 떠 있다가 주둥이 앞에 있는 작은
물고기나 새우 같은 먹잇감을 재빨리 잡아먹는 육식성 어종이다.

분포: 우리나라 남해와 제주도 연안, 중국, 하와이, 뉴기니, 남태평양, 동부 아프리카
연안, 대서양, 멕시코만에 이르기까지 주로 따뜻한 바다에 분포한다.

꼬마흙무굴치 양볼락과 | 쏨뱅이목

학명: *Dendrochirus bellus*
외국명: Bricked firefish (영); ヒメヤマノカミ (himeyamanokami) (일)

형태: 몸은 타원형으로 약간 납작하며 얼핏 보면 쏨배감펭과 닮았다. 옅은 분홍색 바탕에 6~7개의 갈색 가로 띠무늬가 있다. 커다란 부채형의 가슴지느러미 위에도 갈색 띠가 3줄 있다. 등지느러미와 뒷지느러미 줄기부에는 흑갈색 점이 줄지어 발달해 있다. 최대 몸길이는 15cm이다.

생태: 수심 10~200m의 모래나 자갈 바닥의 대륙붕에서 서식하는 정착성 어종이다.

분포: 우리나라 제주도, 일본 남부, 타이완, 말레이시아에 분포한다.

기타 특성: 제주도 남부 연안에서 수중 사진작가들에게 처음 발견되었다.

쏨뱅이목 | 양볼락과 # 짧은날개쏠배감펭(가칭)

학명: *Dendrochirus brachypterus*

외국명: Shortfin turkeyfish (영); シマヒメヤマノカミ (shimahimeyamanokami) (일)

형태: 좌우로 납작한 타원형 몸은 붉은색을 띠며 몸 옆면에는 넓은 띠무늬가 있다. 부채꼴의 가슴지느러미에는 6~8줄의 적갈색 띠가 발달해 있다. 등지느러미의 가시 길이가 등 높이보다 짧다. 몸길이는 최대 17cm이다.

생태: 수심 0~70m의 산호초와 암초가 발달한 열대 해역에 주로 산다. 다 자란 물고기가 가끔 해수면에서 발견되기도 한다. 어린 물고기들은 10마리 내외로 작은 무리를 짓기도 한다. 밤에 작은 새우, 게 등 갑각류를 잡아먹는 야행성 어종이다. 산란기에는 암수가 짝짓기를 하며 체내수정을 한다.

분포: 우리나라 제주도 남부, 일본, 사모아, 미크로네시아, 통가, 서태평양, 홍해에 분포한다.

기타 특성: 제주도 남부 연안에서 스쿠버다이버들에게 가끔 발견되는 우리나라 미기록어종이다. 등지느러미 가시에 독이 있어 다룰 때 쏘이지 않도록 조심해야 한다. 열대 지방에서는 식용을 하며, 해양 수족관에서도 인기가 있다.

얼룩말쏠배감펭(가칭) 양볼락과 | 쏨벵이목

학명: *Dendrochirus zebra*

외국명: Zebra lionfish, Zebra turkeyfish (영); キィンミナカサゴ(kilinminokasago) (일)

▶▶ 얼룩말쏠배감펭이 가슴지느러미를 활짝 펼쳐 마치 공처럼 동그랗게 보인다.

형태: 몸은 타원형이고 눈 위를 지나는 띠가 있으며 몸 옆면에 5개의 넓은 적갈색 가로띠가 발달해 있다. 가슴지느러미를 활짝 펴면 거의 원형이 되며 가장자리를 따라 검은색의 반원형 점이 줄지어 있다. 아가미뚜껑 위에도 검은색 점이 있다. 등지느러미 가시는 몸높이보다 길다. 몸길이는 최대 25cm이다.

생태: 산호초, 암초, 굴이 발달한 수심 3~80m의 열대 해역에서 주로 산다. 가끔 무리를 짓기도 한다. 플랑크톤처럼 부유생활을 하는 어린 시기에는 멀리 아열대 해역까지 회유하기도 한다. 작은 물고기, 갑각류를 먹고 사는 육식성 어종이다. 암컷과 수컷이 짝을 지어 밤에 체외수정을 하며 점액질에 싸인 알덩이를 낳는다.

분포: 우리나라 제주도 남부, 일본 남부, 서태평양, 인도양, 호주, 홍해에 널리 분포한다.

기타 특성: 제주도 남부 연안에서 발견된 우리나라 미기록 어종이다. 등지느러미 가시에 독이 있다. 열대 지방에서는 식용하기도 하며 해양 수족관에서도 인기가 있다.

쏨뱅이목 | 양볼락과 **퉁쏠치**

학명: *Erosa erosa*

외국명: Pitted stonefish (영); グルマオコゼ(gurumaokoze) (일)

형태: 머리와 몸통이 둥글고 넓적하며, 머리에는 굵은 돌기들이 발달하여 울퉁불퉁하다. 몸 색은 매우 다양한데, 갈색 바탕에 노란색이나 붉은색의 부정형 무늬나 띠가 있다. 가슴, 배, 꼬리, 뒷지느러미 위에 흑갈색 띠무늬나 흰 점으로 된 줄무늬가 발달해 있다. 몸길이는 15cm 내외이다.

생태: 산호초나 암초가 잘 발달한 얕은 연안에서 수심 90m까지 서식한다. 따뜻한 바다를 좋아하는 열대 어종이다.

분포: 우리나라 제주도 연안에서 남서평양, 인도양, 호주 북서 연안까지 널리 분포한다.

기타 특성: 지느러미 가시에 독이 있다.

미역치 양볼락과 | 쏨뱅이목

학명: *Hypodytes rubripinnis* **지방명:** 쌔치, 쌔치
외국명: Redfin velvetfish, Tiny stinger (영); ハオコゼ(haokoze) (일)

▶▶ 등지느러미 위에 특징적인
커다란 검은 반점이 보인다.

형태: 몸은 좌우로 납작한 타원형이며, 주황색 바
탕에 흑갈색 무늬들이 흩어져 있다. 눈은 붉은색을 띠며 입가에 강한 가시가 있다. 등
지느러미, 뒷지느러미 가시에는 독이 있어 다룰 때 조심해야 한다. 어미의 몸길이가
7~9cm인 소형 어종이다.

생태: 연안의 펄, 모래, 모래펄 바닥에서부터 바위로 된 암초 지대까지 다양한 서식처
에서 산다. 갯지렁이, 새우류 등 다양한 먹이를 탐식하는 육식성 어종이다. 수온이 높
은 여름에 표층에 뜨는 알을 낳는다. 새끼일 때는 가슴지느러미가 나비 날개처럼 매우
크다.

분포: 우리나라 동해와 남해 연안에서 서식하며, 특히 남해 연안 1~40m 수층의 암반
이나 펄 바닥에 개체 수가 많다. 일본 중부 이남 연안에서도 서식한다.

기타 특성: 지느러미 가시에 강한 독이 있어 찔리면 통증이 심하므로 여름철 암반이 발
달한 바닷가에서 물놀이할 때나 낚시할 때에 지느러미 가시에 찔리지 않도록 조심해야
한다.

쑤기미

쏨뱅이목 | 양볼락과

학명: *Inimicus japonicus* 지방명: 범치
외국명: Devil stinger (영); オニオコゼ(oniokoze) (일)

▶▶ 바닥에 몸 색을 맞춰 위장한 채 먹이를 기다리는
쑤기미. 머리와 몸에 돌기들이 많다.

형태: 몸의 형태에서 머리는 좌우로 납작하고, 꼬리는 위아래로 납작하다. 머리는 울퉁불퉁하고 피질돌기가 발달하여 지저분해 보인다. 몸 색은 노란색, 붉은색, 흑갈색, 회흑색 등 매우 다양하다. 가슴지느러미 맨 아래쪽 줄기 2개는 지느러미와 분리되어 있다. 몸길이는 20~30cm이다.

생태: 전체적인 생김새나 몸 색이 서식처인 펄 바닥이나 암반과 비슷해 한곳에 앉아 위장한 채 먹이를 기다린다. 새우, 게, 물고기 등을 먹는 육식성 어종이다. 한여름에 산란을 하며 수정란은 표층에 뜨는 부성란이다. 부화 후 어린 새끼는 가슴지느러미가 크게 발달하며 막 같은 모양의 지느러미 위에 검은색 둥근 점이 있다.

분포: 우리나라 연안에서 동중국해, 남중국해까지 널리 분포한다.

기타 특성: 호랑이에 비유하여 '범치'라고 부를 만큼 등지느러미 가시에 강한 독이 있는 종으로 유명하다. 우리나라 연안 어종 중에 가장 강한 독을 가지고 있어 만질 때 부주의로 독가시에 찔리면 병원 치료를 받아야 하는 경우도 있다. 못생긴 외형과는 달리 살이 희고 맛이 있어 탕이나 찜 요리로 유명한 고급 어종이다.

긴수염쏠배감펭(가칭) 양볼락과 | 쏨벵이목

학명: *Pterois antennata*

외국명: Broadbarred firefish, Spotfin lionfish (영); ネッダイミナカサゴ(netdaiminakasago) (일)

형태: 몸의 형태는 쏠배감펭과 비슷하다. 등지느러미와 가슴지느러미의 줄기가 실처럼 길게 뻗어 있으며 가슴지느러미 막에 둥근 점이 있다. 몸길이는 15~20cm로 쏠배감펭류 중에서는 소형이다.

생태: 산호초와 암초가 발달한 지대에서 단독 또는 몇 마리씩 무리를 지어 산다. 낮에는 산호나 바위 아래에서 쉬다가 밤이 되면 사냥을 하는 야행성 어종이다. 주로 새우나 게를 잡아먹는다.

분포: 우리나라 제주도, 일본 남부, 인도양, 남서 태평양에서 널리 서식하는 열대성 어종이다.

기타 특성: 우리나라 제주도 문섬 연안에서 발견된 적이 있다.

쏨벵이목 | 양볼락과 **쏠배감펭**

학명: *Pterois lunulata* 지방명: 사자고기, 라이온 피쉬

외국명: Luna lion fish, Lion fish, Butterfly fish (영); ミノカサゴ(minokasago) (일)

▶▶ 머리가 거칠고 단단하며,
입이 크고 몸에 가시가 발달해 있다.

형태: 몸은 약간 통통한 타원형이고 분홍색을 띠며 갈색의 가로 띠무늬가 많다. 눈 위에는 잎 모양의 피질돌기가 있다. 커다란 가슴지느러미와 가시가 긴 등지느러미를 활짝 펴면 나비가 연상된다. 몸길이는 30cm 내외이다.

생태: 산호초나 암반이 발달한 따뜻한 바다에서 주로 서식한다. 물속에서는 느릿느릿 움직이지만 먹이를 사냥할 때면 커다란 가슴지느러미로 작은 물고기나 새우, 게 등을 몰아서 큰 입으로 재빨리 잡아먹는 육식성 어종이다.

분포: 쓰시마 난류의 영향을 받는 우리나라 남해와 제주도 남부 해역, 일본 남부, 필리핀, 괌, 말레이시아 등 북서 태평양의 열대 바다에서 서식한다.

기타 특성: 등지느러미 가시에 강한 독이 있어 쏘이면 통증이 매우 심하다. 따라서 다룰 때에는 조심해야 한다. 최근 제주도 남부 연안에서는 개체 수가 증가하고 있으며, 그물 어업으로도 상당량을 잡을 수 있어 식용하기도 한다.

73

점쏠배감펭

양볼락과 | **쏨뱅이목**

학명: *Pterois volitans* **지방명:** 쏠배감펭, 라이온피시

외국명: Firework fish, Scorpion cod (영); ハナミノカサゴ(hanaminokasago) (일)

▶▶ 점쏠배감펭의 어린 물고기로
크기가 6cm쯤 된다.

형태: 체형은 쏠배감펭과 거의 비슷하지만 몸 색이
진한 갈색이고 지느러미 위에 점이 많은 것이 특징이다. 몸길이는 25cm 내외이다.

생태: 산호초나 암초가 발달한 곳에서 서식하는 열대 어종으로, 작은 물고기를 잡아먹
는 육식성이다.

분포: 우리나라 제주도 남부, 일본 남부, 필리핀, 남서 태평양 등지에서 서식한다.

기타 특성: 제주도 남부 연안에서 가끔 발견된다.

▶▶ 환경 변화에 따른
점쏠배감펭 몸 색의 변이

쏨벵이목 | 양볼락과 **털감펭(가칭)**

학명: *Rhinopias frondosa*

외국명: Weedy scorpionfish (영); ボロカサゴ(borokasago) (일)

▶▶ 털감펭은 지느러미를 활짝 펼치면
마치 다른 종처럼 보이기도 한다.

형태: 등이 높은 타원형의 몸은 좌우로 납작하다. 주둥이가 길고 그 윤곽은 아래로 오목하게 들어간 요철형이다. 눈은 머리 위쪽으로 돌출된 형이며 머리에는 비늘이 없지만 몸은 둥근 비늘로 덮여 있다. 지느러미 줄기와 몸의 표면에 지저분한 돌기가 발달해 있고, 몸 색은 개체 또는 서식 환경에 따라 차이가 커서 몸 색이 매우 다양하다. 몸길이는 20~25cm이다.

생태: 암반과 자갈이 섞인 모래펄 바닥에서 서식하는 열대 어종이며, 수심 10~90m인 연안에 분포한다. 밤에 작은 물고기와 무척추동물을 주로 잡아먹는 야행성 어종이다.

분포: 우리나라에서는 희귀한 종이지만, 일본 남부에서 인도양, 태평양, 남아프리카, 호주 동부 해역에 이르기까지 열대 해역에 널리 분포한다.

기타 특성: 독이 있어 식용할 수 없다. 별난 생김새 때문에 수중 다이빙을 즐기는 동호인이나 사진작가들에게 인기가 있다.

75

쭈굴감펭 양볼락과 | **쏨벵이목**

학명: *Scorpaena miostoma*

외국명: Smallmouth scorpion fish (영); コクチフサカサゴ(kokuchihusakasago) (일)

▶▶ 쭈굴감펭의 큰 머리는 이름처럼
쭈글쭈글 울퉁불퉁하다.

형태: 머리는 크고 몸은 주홍색이며 몸 전체에 불규
칙한 흑갈색 무늬가 흩어져 있다. 입은 점감펭보다 작아 위턱 뒤 끝이 눈 중앙 아래까
지 미치지 못한다. 몸길이는 15cm 내외이다.

생태: 연안의 얕은 암초와 산호초 해역에서 몸을 숨기고 서식한다. 무리를 짓지 않고
단독으로 생활하며 동물성 먹이를 잡아먹는다.

분포: 우리나라 남해와 제주도 연안, 일본, 타이완 등에 분포한다.

기타 특성: 크기가 작은 감펭류이지만 최근에는 어시장에서 가끔 만날 수 있다.

쏨벵이목 | 양볼락과 **점감펭**

학명: *Scorpaena onaria*

외국명: Western scorpionfish (영); フサカサゴ(fusakasago) (일)

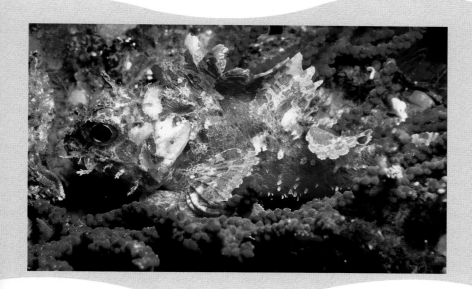

형태: 화려한 주홍색 몸에 불규칙한 흑갈색 무늬가 있으며 전체적인 외형은 쭈굴감펭과 매우 비슷하다. 쭈굴감펭보다 입이 커서 위턱 뒤 끝이 눈 뒤 가장자리의 뒤 끝을 지난다. 코, 눈 주위와 머리 위쪽에 짧고 강한 가시가 발달해 있다. 몸길이는 20cm 내외이다.

생태: 해조류가 무성한 연안 암초나 산호초 해역에서 서식한다. 새우, 게 등 동물성 먹이를 먹는다.

분포: 우리나라 동해 중부 이남과 남해, 제주도 연안, 일본, 타이완에 분포한다.

기타 특성: 크기가 작은 감펭류이지만 쭈글감펭과 더불어 최근에는 어시장에서도 가끔 만날 수 있다.

주홍감펭 양볼락과 | 쏨뱅이목

학명: *Scorpaenodes littoralis*
외국명: Cheekspot scorpionfish (영); イソカサゴ(isokasago) (일)

▶▶ 단단해 보이는 머리 쪽의 아가미뚜껑
아래로 선명한 반점이 보인다.

형태: 몸은 전체적으로 옅은 붉은빛을 띠며 아가미
뚜껑 아래쪽에 짙은 반점이 특징이다. 몸길이는 10cm 내외이다.

생태: 다른 감펭류처럼 암초가 잘 발달한 수심 40m까지의 연안에서 서식한다. 물속에
서는 주로 바위가 갈라진 직벽이나 굴속에서 배를 대고 앉아 있는 모습이 발견된다. 주
로 물고기를 잡아먹는다.

분포: 우리나라에서는 난류의 영향을 받는 동해 중부 이남 해역, 남해와 제주도 연안에
서 서식하며, 일본, 타이완, 필리핀, 인도네시아 등 태평양과 인도양에 널리 분포한다.

기타 특성: 지느러미 가시에 독이 약간 있어 다룰 때 주의해야 하며, 소형 감펭류라 수
산 어종으로 취급하지는 않는다.

쏨뱅이목 | 양볼락과 **쑥감펭**

학명: *Scorpaenopsis cirrosa*

외국명: Weedy stingfish, Hairy stingfish, Raggy scorpionfish (영); オニカサゴ(onikasago) (일)

▶▶ 머리와 주둥이 주변에 들쭉날쭉 피질돌기가 발달해 있다.

형태: 주황색 몸에 불규칙한 갈색 무늬가 흩어져 있으며 몸 색은 서식 지역에 따라 다양하다. 점감펭보다 주둥이가 긴 편이고 몸과 머리, 주둥이 주변에 지저분한 작은 피질돌기들이 발달해 있다. 물속에서는 자세히 관찰하지 않으면 주변 바위와의 구분이 쉽지 않을 정도로 위장을 잘하는 종이다. 몸길이는 25~30cm이다.

생태: 해조류가 무성하며 크고 작은 바위가 많은 연안의 암초 지대에 사는 열대 어종이다. 단독생활을 하며 물고기, 새우, 게 등을 잡아먹는다.

분포: 우리나라 남해와 제주도 연안, 일본, 중국, 타이완과 홍콩 연안에 분포한다.

기타 특성: 지느러미 가시에 독이 있어 다룰 때 주의해야 한다.

놀락감펭 양볼락과 | 쏨뱅이목

학명: *Scorpaenopsis diabolus*

외국명: False stonefish (영); サツマカサゴ(satsumakasago) (일)

▶▶ 놀람감펭의 얼굴은 보호색을
띠어 마치 주변의 돌처럼 보인다.

형태: 머리에는 작은 톱니형 돌기들이 발달해 있다. 머리가
크고 지저분한 돌기와 가시들이 있어 마치 암반처럼 보이는
보호색과 모습을 띤다. 꼬리는 좌우로 납작하며 꼬리지느러
미는 흰색이고 흑갈색 띠가 있다. 몸길이는 15~20cm로 소형 어종이다.

생태: 열대 해역에서 널리 서식하며 몸을 반쯤 바닥에 묻고 있기도 하는데, 우리나라
에서는 암반 지대에서 발견되었다. 단독생활을 하거나 암컷과 수컷이 짝을 이루어 생활
한다. 놀라거나 위협을 느끼면 화려한 색의 가슴지느러미 안쪽을 펼쳐 방어한다. 놀래
기류 등 물고기를 잡아먹는다.

분포: 우리나라 제주도, 일본 남부의 대륙붕에서 호주 대보초, 하와이, 홍해, 인도양까
지 널리 분포한다.

기타 특성: 등지느러미 가시에 독이 있어 다룰 때 조심해야 한다.

쏨뱅이목 | 양볼락과 # 돌기감펭(가칭)

학명: *Scorpaenopsis papuensis*
외국명: Papuan scorpionfish (영)

형태: 몸은 적갈색을 띠며 불규칙한 흰색 무늬가 있다. 머리는 크고 납작하며 아래턱이 위턱보다 길게 앞으로 돌출되어 있어 쑥감펭과 형태가 비슷해 보인다. 머리와 몸통에는 지저분한 풀처럼 생긴 돌기가 발달해 있고 눈 위에는 긴 돌기가 있다. 꼬리지느러미의 가장자리는 흰색이다. 몸길이는 20cm 내외이다.

생태: 수심 40m 정도인 얕은 연안의 암초, 산호초 지대 바닥에서 서식하는 열대 어종이다. 단독생활을 하며 위장색을 띠어 알아보기 힘들다. 우리나라에서는 암반 지대에서 발견된다.

분포: 우리나라 제주도, 일본 남부, 필리핀, 미크로네시아, 호주 동부 산호초 지대에 널리 분포한다.

기타 특성: 독이 없다.

우럭볼락 양볼락과 | **쏨뱅이목**

학명: *Sebastes hubbsi* 지방명: 우럭, 똥새기
외국명: Amorclad rockfish (영); ヨロイメバル(yoroimebaru) (일)

▶▶ 머리의 코와 눈 위에 작고
날카로운 가시가 발달해 있다.

형태: 몸 색은 적갈색이며 배는 약간 누런빛을 띠고
몸의 옆면에는 불규칙하고 폭넓은 암갈색 띠가 4줄 있다. 지느러미 줄기부에는 깨알 같
은 흑갈색 점이 흩어져 있다. 몸길이가 20cm 내외인 소형 볼락류이다.

생태: 해조류가 무성한 암초 지대에서 서식한다. 주로 바닥에 사는 새우, 게 등 무척추
동물들을 잡아먹는다. 다른 볼락류와 마찬가지로 체내수정을 하여 새끼를 낳는 난태생
어종이다.

분포: 우리나라 동해와 남해, 일본 등지에만 분포한다.

기타 특성: 이름에 '우럭'이 붙지만 우리가 흔히 '우럭'이라 부르는 조피볼락과는 다른
종이다. 남해안의 포구나 어시장에서 가끔 만날 수 있다.

쏨뱅이목 | 양볼락과 **볼락**

학명: *Sebastes inermis* 지방명: 뽈라구, 뽈락
외국명: Dark-banded rockfish (영); メバル(mebaru) (일)

▶▶ 야행성 어종인 볼락의 눈은
유난히 크다.

형태: 전체적으로 갈색을 띠며 몸 옆면에 뚜렷하지 않은 갈색의 가로 무늬가 있다. 등지느러미와 뒷지느러미의 가시는 강하고, 게다가 약한 독성을 가지고 있어 찔리면 통증이 있다. 야행성 어종으로 눈이 크다. 몸길이는 15~25cm가 흔하지만 35cm급도 가끔 볼 수 있다.

생태: 늦가을에 짝짓기를 하여 겨울에 새끼를 낳는 난태생 어종이다. 경남 지방에서는 음력설을 전후하여 어미 배 속에서 부화한 새끼들이 어미 몸 밖으로 나온다. 낮에는 해조류가 무성한 암초 주변에 수십 마리씩 떼를 지어 있다가 밤에 되면 표층 부근까지 올라와 갯지렁이, 동물플랑크톤, 작은 물고기 등을 잡아먹는다.

분포: 우리나라 남해와 제주도, 동해, 일본 홋카이도 이남, 타이완 등 북서 태평양에서 서식한다.

기타 특성: 볼락류 중에서 가장 맛이 좋다. 경남 연안에 자원이 많아서 도어(道魚)로 지정되어 있다. 최근에는 종묘 생산 기술이 발달하여 양식을 하거나 자원 조성을 위해 방류하고 있으며, 몇 가지 체색 변이 개체군에 대한 분류학적 연구가 진행되고 있다.

개볼락

양볼락과 | 쏨뱅이목

학명: *Sebastes pachycephalus* 지방명: 우럭, 돌우럭, 꺽저구
외국명: Blass bloched rockfish (영); ムラソイ(murasoi) (일)

▶▶ 대표종과는 마치 다른 종처럼
개체 간 몸 색 변이가 심하다.

형태: 타원형의 몸은 황갈색, 적갈색, 흑갈색, 남색 등 매
우 다양한 색을 띠며 각 지느러미 위에 작고 둥근 검은색 점
이 흩어져 있다. 몸길이는 20~25cm가 흔하지만 35cm 이상 자라기도 한다.

생태: 주로 연안 암반의 굴이나 돌 틈, 방파제에서 서식한다. 낮에는 대개 돌 아래나
돌 틈에 머물다가 밤에 먹이를 찾아다니는 야행성 어종이다. 먹이에 대한 탐식성이 강
하며 갯지렁이, 새우, 게, 작은 물고기 등을 잡아먹는다.

분포: 우리나라 남해와 제주도, 울릉도와 독도를 포함한 동해 연안, 일본 홋카이도 남
부, 중국 연안에 분포한다.

기타 특성: 살이 단단하여 회나 매운탕감으로 인기가 있다. 제주도에서는 쏨뱅이와 함
께 '우럭'이라고 부른다.

쏨뱅이목 | 양볼락과 # 조피볼락

학명: *Sebastes schlegelii* 지방명: 우럭

외국명: Korean rockfish, Black rockfish (영); クロソイ(kurosoi) (일)

▶▶ 어린 조피볼락은 옅은 황색 바탕에
갈색 띠무늬가 4개 있다.

형태: 머리가 크고 몸은 긴 타원형이며 황갈색(어린 개
체), 흑갈색, 회갈색 등 다양한 색을 띤다. 눈 뒤편으로 비
스듬한 흑갈색 띠가 2개 있으며 두 눈 사이는 편평하다. 몸길이는 70~80cm까지 자란다.

생태: 수심 10~100m 사이의 연안 암초 지대에 주로 살고 있으며, 우리나라의 모든 바
다에서 만날 수 있지만 특히 서해에 많다. 겨울에 암수가 짝짓기를 하여 이듬해 봄인
4~6월에 수십만 마리의 새끼를 낳는 난태생 어종이다. 어린 새끼는 떠다니는 해조 아
래에 머물면서 자란다. 물고기, 갑각류, 오징어류 등을 잡아먹는데 그중 물고기를 가장
좋아한다.

분포: 우리나라 전 연안, 일본, 중국 연안에서 서식한다.

기타 특성: 표준명 '조피볼락'보다 '우럭'이란 이름으로 더 알려져 있다. 낚시 대상종으
로도 유명하다. 1990년대부터 종묘 생산 기술이 발달해 양식되고 있다. 쫄깃쫄깃한 식
감으로 회나 매운탕감으로 인기가 높다.

불볼락 양볼락과 | 쏨벵이목

학명: *Sebastes thompsoni*   지방명: 열기

외국명: Goldeye rockfish (영); ウスメバル(usumebaru) (일)

▶▶ 등 쪽에 사각 모양의 갈색 반점이
특징인 어종이다.

형태: 볼락과 몸의 형태는 비슷하지만 전체적으로 약간
황적색을 띠며, 옆줄 위쪽의 갈색 반점 5개가 특징이다. 눈이 크며 아래턱이 위턱보다
돌출되었다. 몸길이는 35cm 내외이다.

생태: 볼락보다는 깊은 수심 30~150m에 떼를 지어 살며, 동해와 남해의 암초가 발달
한 곳에 많다. 몸길이가 1.5~4cm인 어린 시기에는 떠다니는 해조류 아래에 모여 지내
고, 15cm 내외일 때는 떼를 지어 연안의 암초 지대에서 산다. 성장할수록 깊은 곳으로
이동한다. 겨울에 얕은 연안으로 몰려나와 새끼를 낳는 난태생 어종이다. 작은 물고기,
새우 등을 먹고 산다.

분포: 우리나라 전 연안, 일본에 분포한다.

기타 특성: 외줄낚시 대상어로 유명한 '열기'가 바로 이 종이다.

▶▶ 짧고 강한 가시가 나 있는 머리가
상당히 위협적으로 보인다.

형태: 흑갈색, 적갈색 바탕에 5개가량의 짙은 암갈색 가로
띠가 있으며, 옅은 회색의 둥근 반점이 흩어져 있다. 머리에
짧고 강한 가시들이 발달해 있다. 몸길이는 30cm 내외이다.

생태: 연안의 암초 바닥에서 서식하며 텃세가 강하고, 겨울부터 봄에 걸쳐 새끼를 낳
는 난태생 어종이다. 물고기, 새우, 게 등을 잡아먹으며 먹이에 대한 욕심이 많다.

분포: 우리나라 전 연안과 일본, 동중국해에서 서식한다.

기타 특성: '죽어도 삼뱅이' '죽어도 맛은 세 배'란 말이 있을 정도로 경남 지방에서는 맛
이 있는 고기로 취급받는다. 제주도에서는 '우럭'이라고 부른다.

붉은쏨뱅이

양볼락과 | **쏨뱅이목**

학명: *Sebastiscus tertius*　**지방명**: 삼뱅이, 쏨뱅이
외국명: Red marbled rockfish (영); ウッカリカサゴ(ukkarikasago) (일)

▶▶ 쏨뱅이보다 밝은 붉은색을 띠는 붉은쏨뱅이의
머리에는 짧고 강한 가시들이 나 있다.

형태: 쏨뱅이와 같은 종으로 다룰 정도로 형태가 비슷하
지만 몸 색은 갈색이 옅은 붉은색에 배는 희다. 크고 작은 흰 점이 많은 것이 특징이다.
50cm급도 흔한 대형 어종이다.

생태: 쏨뱅이보다는 약간 깊은 수심대의 암초 지대에서 서식하며, 물고기, 새우, 게 등
을 잡아먹는다. 겨울철에 새끼를 낳는 난태생 어종이다.

분포: 우리나라 남해안 대륙붕의 암초 지대, 일본, 동중국해에 분포한다.

기타 특성: 몸집이 커서 어시장에서는 대형 쏨뱅이로 판매된다.

쏨뱅이목 | 성대과 **성대**

학명: *Chelidonichthys spinosus*   지방명: 승대, 끗달갱이, 천사고기, 장대
외국명: Bluefin searobin (영); ホウボウ(hobo) (일)

▶▶ 머리는 단단한 골판으로 덮여 있으며, 분리된 가슴지느러미 줄기로 걷는 듯이 보인다.

형태: 몸은 원통형이며 꼬리 쪽으로 갈수록 좌우로 납작하고 머리는 강한 골판으로 덮여 있다. 몸은 붉은빛을 띠며 암적색 반점이 흩어져 있고 배는 희다. 부채 모양의 커다란 가슴지느러미 안쪽은 초록색을 띤다. 그 가장자리는 청색이고 15개가량의 작은 흰 점들이 있어 매우 아름답다. 가슴지느러미의 아래쪽 지느러미 줄기 3개는 두껍고 분리되어 있다. 몸길이는 40cm까지 자란다.

생태: 수심 수십에서 600m까지 넓게 서식하며, 연안의 모래펄 바닥에서 주로 산다. 분리된 가슴지느러미 3개의 줄기는 맛을 느낄 수 있어 이 줄기들로 바닥을 더듬으며 먹잇감을 찾는다. 물고기, 새우 등을 잡아먹는 육식성 어종이다.

분포: 우리나라의 남해와 서해 연안의 대륙붕 바다, 일본 홋카이도 이남에서 남중국해까지 널리 분포한다.

기타 특성: 천사고기라는 별명에서 느낄 수 있듯이 가슴지느러미가 부채처럼 크고 아름다워 수족관에서 관상용으로 인기가 높다.

쌍뿔달재 <small>성대과 | 쏨벵이목</small>

학명: *Lepidotrigla alata*

외국명: Forksnout searobin (영); イゴダカホデリ(igodakkahodeli) (일)

형태: 몸은 원통형이지만 꼬리 쪽으로 갈수록 좌우로 납작하다. 머리는 성대처럼 단단한 골판으로 덮여 있으며 주둥이의 앞쪽에 강한 삼각형 뿔이 양쪽으로 돌출되어 있다. 몸은 전체적으로 자주색, 회색을 띠고 배 쪽은 희다. 가슴지느러미 안쪽은 초록색을 띠며 가장자리는 검은색이다. 가슴지느러미의 아래쪽 지느러미 줄기 3개가 분리되어 있다. 몸길이는 20cm이다.

생태: 연안에서 수심 100m까지의 모래펄 바닥에서 서식한다. 작은 새우, 갯지렁이, 물고기 등을 잡아먹는 육식성 어종이다. 몸길이가 13cm 정도 자라면 알을 낳기 시작하며 한 마리가 한 번에 2000~3000개의 알을 낳는다. 산란기는 겨울철이다.

분포: 우리나라 남해, 일본 중부 이남, 남중국해까지 분포한다.

기타 특성: 식용하기도 하지만 어시장에서 쉽게 볼 수 있는 종은 아니다.

쏨벵이목 | 성대과 # 달강어

학명: *Lepidotrigla microptera*

외국명: Red wing searobin (영); カナガシラ(kanagasira) (일)

▶▶ 달강어의 제1등지느러미 뒤편에
갈색 점이 있는 것이 특징이다.

형태: 머리는 골판으로 덮여 있어 단단하며 주둥이의
좌우측이 돌출해 있고 그 앞쪽 끝에 짧고 강한 가시들이 발달해 있다. 등 쪽은 붉은빛
을 띠며 배 쪽은 흰색에 가까운 옅은 빛을 띤다. 성대의 화려한 가슴지느러미와는 달리
전체적으로 황적색, 적색을 띠며 반점이나 무늬는 없지만, 제1등지느러미 뒤편에 갈색
점이 있는 것이 특징이다.

생태: 몸을 해저 바닥에 대고 살아가는 종으로, 새우와 게 등을 잡아먹는다. 성장은 성
대와 비슷하여 생후 1년 만에 약 13cm, 2년에 약 19cm, 3년에 약 24cm 가량 자라며 5
년이 지나면 28~30cm로 자란다. 산란기는 5~6월이다.

분포: 우리나라 남해, 황해에서 동중국해까지 널리 분포한다.

기타 특성: 성대과 어종 중에서 몸집이 큰 편으로 몸길이가 30cm에 이른다. 흰살이 겨
울철에 특히 맛이 좋아 구이나 탕으로 인기가 높다.

비늘양태 양태과 | 쏨뱅이목

학명: *Onigocia spinosa*

외국명: Devil flathead (영); オニゴチ(onigochi) (일)

▶▶ 콧구멍과 눈 위에 피질돌기가
보이고 아래턱이 위턱보다 크다.

형태: 몸에는 폭이 넓은 5개의 적갈색 띠가 있으며, 꼬리지느러미에도 갈색 띠가 4개 있다. 몸길이가 10~20cm인 소형 양태류이다.

생태: 연안의 수심 10m 정도인 모래와 잔자갈 바닥에서 250m 수심대까지 서식한다.

분포: 우리나라 제주도 연안, 타이완, 필리핀, 동중국해, 남중국해와 호주 동북부 연안에 분포한다.

기타 특성: 우리나라 제주도 연안에서 가끔 발견된다.

쏨벵이목 | 양태과 # 양태

학명: *Platycephalus indicus*   지방명: 낭태, 장대
외국명: Indian flathead, Bartail flathead (영); コチ(kochi) (일)

▶▶ 양태의 머리는 납작하고
홍체 형태가 독특하다.

형태: 머리가 매우 납작하고 몸도 약간 납작한 가늘고 긴 원통형이다. 몸은 작은 비늘로 덮여 있으며 머리 위에는 작은 돌기 모양의 가시들이 있고 아가미뚜껑 가장자리에 뿔 모양의 날카로운 가시가 2개 있다. 꼬리지느러미 아랫부에 검은색 띠가 3~4개 있다.

생태: 바닥에 모래와 펄이 섞인 얕은 바다에서 산다. 겨울에는 수심이 깊은 바닥에 몸을 파묻고 지내다가 수온이 올라가는 봄부터 활동을 시작하여 산란기 전후인 5~7월에 가장 활발하게 움직인다. 산란기에는 연안으로 이동해 온다. 새우, 게, 오징어, 문어 등 바닥에 살고 있는 작은 동물이나 물고기를 먹고 사는 육식성 어종이다. 성장하면서 수컷이 되었다가 암컷으로 성을 전환하는데 50cm 이상의 크기는 모두 암컷이다.

분포: 우리나라 전 연안, 일본 남부, 동중국해, 서태평양, 인도양에 분포한다.

기타 특성: 머리가 매우 납작하여 먹을 것이 거의 없어, 머리가 가장 맛있다는 '어두일미'와는 전혀 어울리지 않는 물고기이다. 살은 희고 단단하며 맛이 담백하여 탕이나 어묵 재료로 쓴다. 살짝 말린 뒤에 쪄서 먹으면 맛이 있다.

노래미
쥐노래미과 | 쏨뱅이목

학명: *Hexagrammos agrammus* 지방명: 놀래기, 놀래미, 몰노래미
외국명: Spotty belly greenling (영); クジメ (kujime) (일)

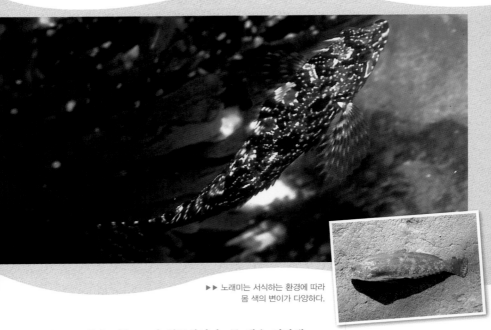

▶▶ 노래미는 서식하는 환경에 따라
몸 색의 변이가 다양하다.

형태: 몸은 가늘고 긴 원통형이며, 몸 색은 적갈색,
흑갈색, 갈색 등 서식지와 개체에 따라 다양하다. 눈 위쪽과 머리 뒤에 작은 돌기가 있
다. 옆줄은 하나로, 같은 과에 속하는 옆줄이 5줄 있는 쥐노래미와 구분된다. 몸길이는
15~20cm급이 흔하다.

생태: 바위 연안에서 서식하며 특히 모자반, 우뭇가사리 등 해조류가 많은 암반에서
흔히 만날 수 있다. 산란기는 겨울이며 점착성 알을 해조 줄기나 바위에 붙인다. 부화
한 새끼들은 등이 군청색을 띠며, 물 표면을 떠다니면서 산다. 몸길이가 3~4cm로 성장
하면 몸이 갈색으로 바뀌면서 바닥으로 내려간다.

분포: 우리나라 전 연안, 일본, 황해에 면한 중국 연안에 분포한다.

기타 특성: 탐식성이 강하여 낚시에도 잘 낚인다. 특유의 노린내가 난다고 껍질을 벗겨
먹는 사람도 있지만 겨울철 노래미는 나름대로 맛이 있다. 서해에서 놀래미라 부르는
종은 같은 속에 속하는 쥐노래미이다.

쏨뱅이목 | 둑중개과 **베로치**

학명: *Bero elegans* 지방명: 촛쟁이
외국명: Elegant sculpin (영); ベロ(bero) (일)

▶▶ 산란관이 항문 뒤에
붙어 돌출되어 있다.

형태: 원통형 몸에는 비늘이 없고, 황갈색 또는 녹갈색
을 띠며 황갈색, 흑갈색, 흰색의 크고 작은 반점이 많다.
주둥이는 뭉툭한 형태이며 머리 위에 작은 피질돌기가 발달해 있다. 몸
길이는 20cm 내외이다.

생태: 물이 차가운 해역에도 출현하는 온대성 어종이며, 수심이 얕은 연안의 조수 웅
덩이에서 수심 40m의 해조류가 많은 암초 지대까지 서식한다. 어린 물고기를 잡아먹는
육식성 어종이다.

분포: 우리나라 남해, 동해 연안, 일본 홋카이도, 러시아 연안까지 널리 분포한다.

기타 특성: 촛쟁이란 이름은 이 종의 항문 부위에 돌출된 산란관 때문에 붙여졌다.

가시망둑 둑중개과 | 쏨벵이목

학명: *Pseudoblennius cottoides*   지방명: 좃쟁이
외국명: Sunrise sculpin (영); アサヒアナハゼ(asahianahaze) (일)

▶▶배 쪽에 아령 모양의 흰 점이 있다.

형태: 몸이 가늘고 긴 원통형이며 머리는 뾰족한 편이
다. 비늘이 없어 매끄러운 몸은 전체적으로 흑갈색, 흑자색을 띠지만 얼룩덜룩한 흰색
반점이 있으며, 피질돌기가 있는 옆줄 아래쪽에는 아령 모양의 흰 점과 둥근 흰 점이
꼬리 끝까지 줄지어 있다. 몸길이는 15cm 정도이다.

생태: 연안의 조수 웅덩이나 해조류가 무성한 암초 지대에 살면서 주로 어린 물고기를
잡아먹는다. 암수가 짝짓기를 하고 산란관을 이용해 멍게류 몸속에 알을 낳는다.

분포: 우리나라 전 연안, 일본에서 서식한다.

기타 특성: 육식성이 강하여 같은 종끼리 서로 잡아먹기도 한다.

쏨벵이목 | 둑중개과

돌팍망둑

학명: *Pseudoblennius percoides* **지방명:** 좃쟁이
외국명: Perch sculpin (영); アナハゼ(anahaze) (일)

▶▶ 강한 육식성 식성을 띠는 돌팍망둑은 턱의
이빨과 입천장의 송곳니들이 강하고 날카롭다.

형태:　가시망둑과 매우 닮았으나 몸의 옆면에 아령 모
양의 흰 점이 없다. 몸은 흑갈색, 녹갈색, 황갈색 등으로
다양하며 작은 흰색 반점이 흩어져 있다. 제1등지느러미의 앞쪽은 흑갈색을 띠며 나머
지 부분은 투명하다. 몸길이는 15~20cm이다.

생태:　암초가 발달하고 해조류와 잘피가 무성한 연안에서 흔히 발견되며, 새우와 어린
물고기를 잡아먹는 육식성 어종이다. 가시망둑과 마찬가지로 산란관을 이용해 멍게류
몸속에 알을 낳는다.

분포:　우리나라 동해와 남해, 일본 남부, 북서 태평양에 분포한다.

기타 특성:　살은 약간 푸른색을 띠지만 독이 없어 먹을 수 있다.

창치 둑중개과 | 쏨벵이목

학명: *Vellitor centropomus*
외국명: Spoonbill sculpin (영); スイ(sui) (일)

▶▶ 긴 원통형의 몸과 덩치에 비해
큰 등지느러미가 특징이다.

형태: 가늘고 긴 원통 모양의 몸은 전체적으로 타원형
이며 좌우로 납작하고 갈색을 띤다. 주둥이는 뾰족하
다. 등지느러미는 2개이고 서로 마주 보는 제2등지느러미와 뒷지느러미는 줄기가 길고
지느러미 막은 투명하다. 몸길이는 최대 12cm이다.

생태: 모자반 등 해조류가 무성한 암반 지대에서 서식하며 단독생활을 한다.

분포: 우리나라 남해와 동해, 일본 등지의 북서 태평양에서 서식한다.

기타 특성: 무성한 모자반 숲에서 몸 색이 모자반과 같은 창치를 만나면 수중 사진의
멋진 소재가 된다.

쏨뱅이목 | 둑중개과 **띠좀횟대**

학명: *Pseudoblennius zonostigma*

외국명: Banded blenny sculpin (영); オビアナハゼ(obianahaze) (일)

형태: 전형적인 가시망둑류의 체형이지만 주둥이가 짧고 등이 높아 다른 종보다는 몸통이 약간 통통해 보인다. 몸의 옆면 꼬리 쪽에 있는 흑갈색 구름무늬는 옆줄을 중심으로 아래위가 거의 대칭되어 있다. 성숙한 수컷은 제1등지느러미의 앞쪽으로 가시 2~3개가 실처럼 길게 뻗은 것이 특징이다. 몸길이는 12cm 내외이다.

생태: 암반이 발달한 얕은 연안에서 산다. 물고기 새끼나 새우, 게 등 갑각류 같은 작은 동물성 먹이를 잡아먹는 육식성 어종이다.

분포: 우리나라와 일본 남부 연안에서 사는 온대성 어종이다.

기타 특성: 돌팍망둑, 가시망둑보다 개체 수가 적으며, 식용할 수 있지만 크기가 작아 잡어로 취급한다.

꼬마도치(가칭) 도치과 | 쏨뱅이목

학명: *Lethotremus awae*
외국명: Coast lumpfish (영); ダンゴウオ(Danggouo) (일)

형태: 몸은 둥근 형태이며 눈이 크다. 배지느러미는 빨판 형태로 변형되어 있으며 동해 안에서 흔한 뚝지, 도치 새끼처럼 생겼다. 등지느러미, 뒷지느러미, 꼬리지느러미가 투명하다. 몸길이가 최대 2cm밖에 되지 않는 소형 어종이다.

생태: 수심이 0~20m 정도로 얕고 해조류가 무성한 암반 지대에서 산다. 작은 게, 새우 등 갑각류를 잡아먹는다.

분포: 우리나라 남해와 서해, 일본 중부 등지의 북서 태평양에서 서식한다.

기타 특성: 산호나 해조 위에 앉아 있는 모습은 장난꾸러기 아이처럼 귀엽다.

쏨벵이목 | 꼼치과 # 꼬마꼼치(가칭)

학명: *Liparis punctulatus*

외국명: スナビクニン(Sunabikunin) (일)

▶▶ 빨판형 배지느러미를 이용해 해조에
붙어 있는 꼬마꼼치의 모습이 재미있다.

형태: 몸은 긴 타원형이며 노란색 바탕에 여러 줄의 갈색 띠와 점무늬가 흩어져 있다. 배지느러미는 빨판 형태로 변형되었으며 남해에서 서식하는 꼼치 새끼처럼 생겼다. 몸길이가 8cm인 소형 어종이다.

생태: 해조류가 무성한 수심 1~20m의 얕은 연안에서 서식하는 온대성 어종이다.

분포: 우리나라 남해와 동해, 일본 규슈, 시코쿠 등지에 분포한다.

기타 특성: 산호나 해조 위에 앉아 있는 모습이 귀여워 작은 피사체를 찾는 수중 사진 작가들에게 인기가 높다. 우리나라에는 아직 기록되지 않은 어종이다.

돗돔 반딧불게르치과 | 농어목

학명: *Stereolepis doederleini*
외국명: Striped jewfish (영); オオクチイシナギ(ōkuchiishinagi) (일)

▶▶ 어린 돗돔은 몸 색이 좀 더 진하고 흰색의 세로줄 무늬가 선명하다.

형태: 몸 형태는 볼락류와 닮았으며 몸은 약간 붉은빛을 띠는 갈색, 흑갈색이다. 어릴 때에는 검은색 바탕에 흰색 세로띠가 4~5개 있으나 자라면서 없어진다. 몸길이가 1.5m 이상으로 자라는 대형 어종이다.

생태: 수심 100~400m인 깊은 바다에서 산다. 산란기인 봄철에는 수심 60~100m의 얕은 곳으로 나온다. 오징어, 문어, 물고기 등을 잡아먹는 육식성 어종이다.

분포: 우리나라 동해와 남해, 일본 중부 이남의 깊은 바다에서 서식한다.

기타 특성: 스쿠버다이버들이 만날 수 있는 개체는 어린 새끼들이고, 어미들은 산란기인 봄철에 고등어, 문어 등을 미끼로 남해에서 외줄낚시로 잡을 수 있다.

농어목 | 바리과 # 두줄벤자리

학명: *Diploprion bifasciatum*

외국명: Barred soapfish, Two banded perch (영); キハッソク(kihassoku) (일)

형태: 몸은 등이 높고 좌우로 납작하며 노란색을 띤다. 머리와 입이 크며, 입은 위쪽을 향해 열린다. 머리에는 눈을 지나는 검은색 가로 띠무늬가 있으며 몸 한가운데에는 이보다 더 넓은 검은 띠가 발달해 있다. 다른 바리과 어종들과 비교하면 몸에 비해 지느러미들이 큰 편이다. 몸길이는 최대 25cm이다.

생태: 연안의 수심 100m대 모래펄 바닥에서 주로 살지만 동굴, 산호초, 암반 지대에서도 발견된다. 얌전한 생김새와는 달리 돌출된 턱으로 엄청난 크기의 물고기를 빨아들여 삼키는 포식자로 알려진 열대 어종이다. 바닥층에 사는 저서동물이나 물고기를 잡아먹는다.

분포: 우리나라 제주도, 일본 남부에서 호주 북부에 이르는 넓은 해역, 인도양, 서태평양 등에 널리 분포한다.

기타 특성: 식용하기도 하지만, 예쁜 생김새로 관상용 어종으로도 인기가 있다. 스트레스를 받으면 피부에서 독소(grammistin)를 분비하는 것으로 알려져 있다. 바리과 어종이므로 벤자리라는 이름은 정정이 필요하다.

도도바리 바리과 | 농어목

학명: *Epinephelus awoara*
외국명: Banded grouper, Yellow grouper(영); アオハタ(aohata) (일)

형태: 긴 타원형의 회갈색 몸에는 능성어와 비슷한 다섯 줄의 두꺼운 흑갈색 가로무늬가 있으며 작은 붉은색 반점이 몸 전체에 흩어져 있다. 등지느러미 가시부와 줄기부의 가장자리, 꼬리지느러미 가장자리가 노란색을 띠는 것이 특징이다. 몸길이는 최대 60cm이다.

생태: 암초가 발달한 곳 또는 수심 10~50m대의 얕은 연안에 모래펄 바닥에서 사는 열대성 바리류이다. 어린 새끼는 조수 웅덩이에서도 발견된다. 공격성이 매우 강해 가두어 놓으면 같은 종은 물론 다른 어종까지 쫓거나 물어뜯는다. 이러한 행동은 같은 종 사이에서 더 심하다. 어릴 때는 암수 동체이다.

분포: 우리나라 제주도, 일본, 타이완, 중국, 베트남과 북서 태평양의 열대 해역에 널리 서식한다.

기타 특성: 식용하며, 특히 홍콩 어시장에서 인기가 높아 열대 지방에서는 양식하기도 한다. 몸집이 크고 생김새에 위엄이 있어 수족관에서도 인기가 높다.

농어목 | 바리과 **자바리**

학명: *Epinephelus bruneus* 지방명: 다금바리

외국명: Kelp grouper (영); クエ(kue) (일)

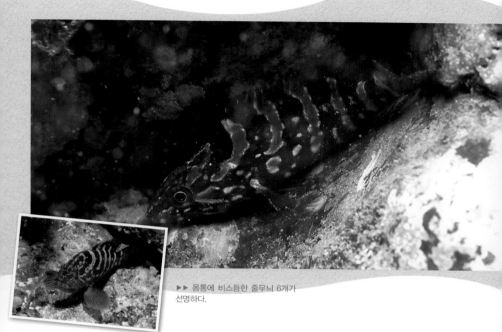

▶▶ 몸통에 비스듬한 줄무늬 6개가 선명하다.

형태: 몸은 타원형으로 약간 납작하며, 자갈색 바탕에 머리와 몸 앞쪽으로 비스듬하게 휜 흑갈색 줄무늬가 6개 있다. 흑갈색 띠 중간에 흰색 점이 있으며 머리와 몸통의 첫 번째 띠는 앞쪽과 거의 수평으로 휘어져 주둥이까지 이른다. 몸 옆면의 띠무늬는 시간이 지날수록 점차 희미해진다. 몸길이가 1m 이상, 무게 30kg 이상으로 자라는 대형 바리류이다.

생태: 암초, 특히 굴이 발달한 연안에서 수심 200m까지 서식하며, 주로 물고기를 잡아먹는다. 5~8cm의 어린 새끼도 무리 짓지 않고 단독생활을 하는 등 어릴 때부터 자신의 영역을 갖는 텃세 행동을 보이며, 자라면서 자신만의 은신 굴을 가진다.

분포: 우리나라 남해, 특히 제주도 연안, 일본 남부에서 타이완, 중국 하이난섬에 이르는 아열대 해역에 분포한다.

기타 특성: 제주도에서는 다금바리라고 부르며(표준명 다금바리와는 달라 이름 정정이 필요한 종이다), 최고급 횟감으로 인기가 높다. 대물낚시 대상어이며, 덩치가 수십 킬로그램급이라 스쿠버다이버들에게도 인기가 있다.

105

구실우럭 바리과 | 농어목

학명: *Epinephelus chlorostigma*
외국명: Brown-spotted grouper (영); ホウセキハタ(hōsekihata) (일)

▶▶ 육식성 어종답게 아래위턱에
각각 강한 송곳니가 발달해 있다.

형태: 몸은 암갈색으로 타원형이며, 몸과 지느러미 위에
이 어종의 눈 크기와 같거나 작은 갈색 반점들이 빽빽하
게 나 있다. 몸길이는 50~70cm 내외이다.

생태: 암초나 산호초가 잘 발달한 연안에서 주로 서식한다. 작은 물고기나 새우, 게 등
을 잡아먹는 육식성 어종이다.

분포: 우리나라 제주도 연안에서 태평양 열대 해역, 홍해까지 널리 서식한다.

기타 특성: 형태가 비슷한 바리류와 혼동하기도 한다. 제주도 연안에서 가끔 스쿠버다
이버들과 만나지만 자원량은 많지 않다.

농어목 | 바리과 # 능성어

학명: *Epinephelus septemfasciatus* 지방명: 구문쟁이, 일곱톤바리, 외볼락(능성어 새끼, 경남), 다금바리
외국명: Sevenband grouper, True bass (영); マハタ(mahata) (일)

▶▶ 아래위턱에 날카로운 이빨이 나 있다.

형태: 등이 약간 높은 타원형으로 전형적인 바리류의 체형이며, 몸에는 폭넓은 자갈색 가로띠가 7줄 있다. 이 띠는 자라면서 점차 희미해지다가 늙으면 사라져 몸 전체가 자갈색을 띤다. 몸길이가 1m까지 자라는 대형 어종이다.

생태: 해조류가 많은 암초 지대에 살며 새우, 게, 물고기 등을 잡아먹는 육식성 어종이다. 어릴 때부터 단독생활을 하기 때문에 텃세가 강해 좁은 공간에 두면 서로 싸운다. 성장함에 따라 점차 깊은 수심대로 이동하며, 봄에 산란을 한다.

분포: 우리나라 남해, 일본 중부 이남, 동중국해, 인도양에 널리 분포한다.

기타 특성: 고급 수산 어종이며 최근 종묘 생산 기술이 발달하여 남해안 양식장에서 양식하기 시작한 종이다. 연안에서는 낚시 대상어로 인기가 있다.

닻줄바리 바리과 | 농어목

학명: *Epinephelus poecilonotus*

외국명: Dot-dash grouper, Spot-lined grouper (영); イヤゴハタ(iyagohata) (일)

형태: 등이 약간 높은 전형적인 바리형 체형이다. 황갈색 바탕에 세로띠가 4줄 있는 것이 특징이다. 몸길이는 50cm 내외까지 자란다.

생태: 다른 바리류보다 비교적 깊은 수심층에 암초가 잘 발달한 곳에서 서식한다. 작은 물고기를 비롯한 동물성 먹이를 잡아먹는다.

분포: 우리나라 남해와 제주도, 남태평양과 인도양까지 널리 분포한다.

기타 특성: 개체 수가 많지 않아 제주도에서도 가끔 만나는 희귀종이다.

농어목 | 바리과 **금강바리**

학명: *Pseudanthias squamipinnis*

외국명: Sea goldie (영); キンギョハナダイ(kingyohanadai) (일)

▲▲ 금강바리 암컷

형태: 몸은 긴 타원형에 납작하고 몸 색은 서식 장소에 따라 매우 다양하다. 암수도 크기와 몸 색이 달라서 수컷은 암컷보다 크고 몸이 자주색이며, 암컷은 주황색을 띤다. 등지느러미의 세 번째 가시와 꼬리지느러미의 아래위 끝이 실처럼 길게 뻗어 있다. 몸길이가 10~15cm인 소형 어종이다.

생태: 조류가 강하게 흐르는 난바다 쪽에 면한 직벽 암초 지대에서 떼를 지어 서식한다. 작은 동물플랑크톤을 먹는다. 어릴 때는 암수 동체이며 자라면서 성 변환을 하는 것으로 알려져 있다. 성숙한 수컷은 자신의 세력권을 가지며 여러 암컷과 산란 행동을 보인다.

분포: 우리나라에서는 쓰시마 난류의 영향을 많이 받는 남해의 섬과 제주도 연안에서 서식한다. 인도양, 서부 태평양, 홍해, 아프리카 동부 연안, 호주 연안의 아열대 · 열대 해역에 널리 분포한다.

기타 특성: 자리돔 들망 어업에서 섞여 잡히지만 버리는 잡어이다. 수중에서는 강한 조류를 견디며 헤엄치는 모습이 예뻐서 스쿠버다이버들에게 귀여움을 받는다.

장미돔 바리과 | 농어목

학명: *Pseudanthias elongatus*

외국명: Sharpfin seabass, Splendid sea bass (영); ナガハナダイ(nagahanadai) (일)

형태: 몸은 긴 타원형이며 전체적으로 분홍색을 띠지만 암컷과 수컷의 몸 색에는 차이가 있다. 수컷은 꼬리가 연분홍색으로 옅지만 몸통 쪽은 짙은 주홍색과 분홍색을 띠어 머리부터 몸통까지와 꼬리의 색이 다르다. 암컷은 전체적으로 분홍색을 띠며 짙은 분홍색의 가느다란 줄무늬가 있고 아가미뚜껑 아래 부분은 황색을 띤다. 몸길이는 10~14cm이다.

생태: 산호초가 발달한 열대 해역의 약간 깊은 직벽 부근에서 흔히 만날 수 있는 금강바리류이다. 우리나라에서 서식하는 개체 수는 적다.

분포: 우리나라 제주도, 일본 남부, 타이완 연안, 서태평양의 열대 바다에 분포한다.

기타 특성: 매우 아름다운 종으로 수중 사진작가들에게 인기가 높다.

農어목 | 바리과 **꽃돔**

학명: *Sacura margaritacea*

외국명: Cherry bass, Cherry porgy (영); サクラダイ(Sakuradai) (일)

▶▶ 몸 옆에 나 있는 흰 점들이 마치 벚꽃처럼 보인다 하여 꽃돔이란 이름을 갖게 되었다.

형태: 몸은 등이 높은 타원형이며 선홍색을 띠는 몸에는 벚꽃 같은 흰색 무늬가 있다. 수컷은 등지느러미의 3번째 가시가 길고 암컷은 몸 색이 약간 누른빛을 띤다. 몸길이는 15cm 내외이다.

생태: 암초가 발달한 연안에서 서식하며, 따뜻한 바다의 수심 30~40m에서 볼 수 있다.

분포: 우리나라 남해와 제주도에서 남태평양, 인도양까지 널리 분포한다.

기타 특성: 초록색 눈동자와 선홍색 몸의 흰 꽃무늬가 아름다워 수중 사진작가들에게 사랑을 받는다.

흰점육돈바리(가칭) 육돈바리과 | 농어목

학명: *Plesiops nakaharae*

외국명: Longfin (영); ナカハラタナバタウオ(nakaharatanabatauo) (일)

▶▶ 환경이나 감정 상태에 따라
몸 색이 달라지기도 한다.

형태: 몸이 길고 좌우로 약간 납작하다. 몸 색은 흑청색 바탕에 머리에는 흰 점들이 흩어져 있고, 몸의 옆면에는 검은색 가로띠가 여러 개 발달해 있다. 몸길이는 12cm 내외의 소형 어종이다.

생태: 연안의 암초 지대에서 서식하는데 특히 큰 바위 아래를 좋아한다. 온대성 어종이며, 수컷은 수정란이 부화할 때까지 알을 지킨다. 바닥에 사는 작은 새우, 게를 먹고 산다.

분포: 우리나라 제주도 연안과 일본 중부 이남에서 확인된 적이 있다. 아열대와 열대 해역에 사는 육돈바리보다는 서식 범위가 북쪽으로 넓다.

기타 특성: 제주도 남부 연안에서 촬영된 적은 있으나 아직 우리나라 학회에 보고되지 않은 미기록 어종이다.

농어목 | 동갈돔과 # 금줄얼게비늘

학명: *Apogon holotenia*

외국명: Yellowstriped cardinalfish, Gold striped cardinalfish (영); スジオデンジクダイ(sjiotenjikudai) (일)

형태: 몸은 긴 타원형으로 전형적인 얼게돔류 체형이며, 눈이 크다. 빛이 나는 흰색 몸에는 노란색 세로띠가 6개 있는 것이 특징이다. 몸길이가 최대 8cm인 소형 어종이다.

생태: 산호와 해조가 무성하고 투명도가 높은 수심 10~50m 연안의 암초 지대에서 크고 작은 무리를 지어 산다. 굴속에 모여 있거나 열대 해역에서는 가시가 긴 성게의 가시 사이에 숨어 지내는 모습도 볼 수 있다. 어린 갑각류와 같은 작은 무척추동물을 포함한 동물플랑크톤을 먹는다.

분포: 우리나라에서는 제주도 남부 연안에서만 서식이 확인되었으며, 인도양과 북서 태평양, 홍해, 피지 연안에 널리 분포하는 열대 어종이다.

기타 특성: 생김새가 화려하여 수족관에서 인기가 있다.

세줄얼게비늘 동갈돔과 | 농어목

학명: *Apogon doederleini*
외국명: Four striped cardinalfish (영); オオスジイシモチ(osujiishimochi) (일)

▶▶ 세로줄무늬와 꼬리자루
위에 검은색 점이 뚜렷하다.

형태: 몸은 긴 타원형이고 전체적으로 연분홍색을 띠며 검은색 세로띠 3개와 등, 배 가장자리에 짧은 검은색 무늬가 있다. 꼬리자루 위에도 커다랗고 둥근 검은색 점이 있다. 몸길이는 10~14cm로 얼게비늘돔류 중에서는 큰 편이다.

생태: 연안의 암초 지대에서 단독생활을 하며, 야행성이 강해 낮에는 바위 그늘 등에 숨어 있다. 산란기가 되면 암컷과 수컷이 짝을 지어 알을 낳는데 수컷이 수정란을 입속에 넣어 부화할 때까지 보호하는 습성이 있다.

분포: 우리나라 남해와 제주도 연안, 일본 남부, 타이완, 필리핀, 호주 연안에서 서식한다.

기타 특성: 살이 연하고 독은 없으나 식용하지 않는다.

줄동갈돔

학명: *Apogon endekataenia* 지방명: 일곱줄얼게비늘
외국명: Candystripe cardinalfish (영); コスジイシモチ(kosujiishimochi) (일)

형태: 몸은 긴 타원형이며 전체적으로 옅은 분홍빛을 띤다. 갈색 세로띠 7줄과 꼬리자루 위에 눈 크기 정도의 검은색 둥근 반점이 특징이다. 몸길이는 10cm 내외이다.

생태: 암초가 발달된 직벽 지대를 따라 조금 깊은 수심대에서 서식한다. 낮에는 주로 바위 그늘 아래에서 숨어 지내는 야행성 어종이다. 부화한 지 2년째부터 산란하며 산란 습성은 세줄얼게비늘과 비슷하다. 동물플랑크톤을 먹는다.

분포: 세줄얼게비늘, 다섯줄얼게비늘과 함께 쓰시마 난류의 영향을 받는 우리나라 남해와 제주도 연안에서 만날 수 있다. 일본 중부 이남, 타이완, 필리핀, 남태평양, 호주까지 아열대와 열대 해역에 널리 분포한다.

점동갈돔 동갈돔과 | 농어목

학명: *Apogon notatus* 지방명: 검정얼게비늘
외국명: Black-spotted cardinalfish (영); クロホシイシモチ(kurohoshiishimochi) (일)

형태: 외형은 줄도화돔과 비슷하지만 몸의 옆면에 줄무늬가 없고 머리 위쪽에 검은색 점이 한 쌍 있는 것이 특징이다. 몸은 약간 어두운 분홍색을 띠며 꼬리자루에 검은색 둥근 점이 있다. 몸길이는 10cm 내외로 작다.

생태: 연안의 암초나 산호초 지대에서 떼를 지어 살며 야행성이 강하다. 여름에 산란을 하는데 줄도화돔처럼 알을 입 속에 넣고 부화할 때까지 보호하는 산란 습성이 있다. 동물플랑크톤을 먹는다.

분포: 우리나라는 제주도 남부 연안 주위에서 발견되며, 최근 들어 개체 수가 점차 증가하고 있다. 일본 남부, 서태평양 산호초 바다에서 서식한다.

기타 특성: 1996년에 우리나라 미기록 어종으로 보고되었다.

줄도화돔

학명: *Apogon semilineatus*

외국명: Barface cardinalfish, Halfline cardinalfish (영); ネンブツダイ(nenbutsudai) (일)

▶▶ 바닷속을 유영하는 줄도화돔 떼가
마치 춤을 추는 듯하다.

형태:　몸은 타원형으로 약간 납작하며, 연분홍색을
띤다. 머리 쪽으로 검은색 세로띠가 2줄 있는데, 하나는 눈을 지나 아가미뚜껑 끝에 이
르고 다른 하나는 머리 위를 지나 몸통 중앙부에 이른다. 꼬리자루에는 눈동자 크기의
검은색 점이 있다. 등지느러미 가시부는 가장자리가 검다. 몸길이는 10cm 내외이다.

생태:　연안의 암초나 산호초 지대에서 무리 지어 서식한다. 한여름에 암수가 짝을 지
어 산란하며 수컷이 수정란을 입에 넣고 부화시키는 습성이 있다. 우리나라에서는 주로
쓰시마 난류의 영향권에 살지만 여름철에는 여수에서 속초 앞바다와 울릉도, 독도까지
떼를 지어 나타난다.

분포:　우리나라 남해와 제주도 연안, 일본 중부 이남, 타이완, 필리핀, 인도네시아 연
안, 호주 등지에서 서식한다.

기타 특성:　제주도에서는 자리돔을 잡을 때 섞여 올라오지만 잡어로 취급해 식용하지
않는다. 우리나라 바다에서 동갈돔류 중 가장 개체 수가 많은 종이다.

점보리멸 보리멸과 | 농어목

학명: *Sillago parvisquamis*   지방명: 청보리멸
외국명: Small-scale sillago (영); アオギス(aogisu) (일)

형태: 긴 원통형의 몸과 뾰족한 입은 다른 보리멸류와 비슷하지만 등이 청갈색 또는 청록색을, 배는 옅은 녹색을 띠는 것과 제2등지느러미에 깨알 같은 점이 6줄로 줄지어 발달한 것이 이 종의 특징이다. 몸길이는 20cm 내외이다.

생태: 큰 강을 끼고 있는 연안의 수심 5~30m 정도 되는 모래펄 바닥에서 주로 서식하며 여름철에는 더 얕은 곳으로 몰려나온다. 알을 낳는 난생이며 갯지렁이, 새우 등을 잡아먹는다.

분포: 우리나라 남해, 일본 남부, 타이완에 서식한다.

기타 특성: 몸 색이 푸른빛을 띠며 『한국어도보』(1977) 도판 설명에는 '청보리멸'로 기재된 종이다. 회나 구이로 요리하지만 그다지 고급 어종으로 취급하지는 않는다.

118

농어목 | 옥돔과 **옥돔**

학명: *Branchiostegus japonicus* 지방명: 생선(제주), 옥돔생선
외국명: Horsehead, Red horsehead (영); アカアマダイ(akaamadai) (일)

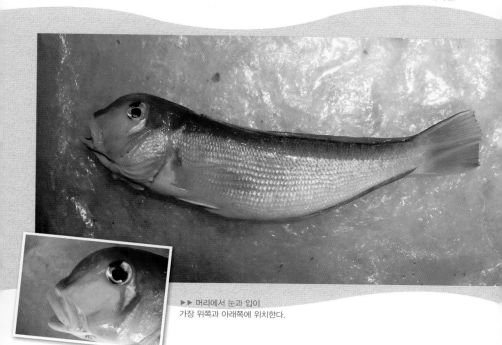

▶▶ 머리에서 눈과 입이
가장 위쪽과 아래쪽에 위치한다.

형태: 머리는 눈 위에서 입 쪽으로 급경사를 이루어 거의 수직에 가까운 윤곽이며, 맨 아래쪽에 입이 있다. 눈에서 입까지 거의 일직선으로 내려와 마치 말의 머리가 연상된다. 꼬리지느러미 위쪽에는 노란색 띠가 4~5줄 있다. 몸길이는 40~60cm이다.

생태: 30~150m 수심층의 모래 바닥에서 살며 바닥을 파고 들어가는 습성이 있다. 암컷은 1년(20cm 내외), 수컷은 3년(30cm 내외)에 성숙하기 시작하며 산란기는 6~10월경이다. 동물플랑크톤, 바닥층에 사는 새우, 게 등 작은 무척추동물들을 잡아먹는다.

분포: 우리나라 중부 이남, 특히 제주도 연안에 많으며 일본 중부 이남, 동중국해, 타이완 등지에 분포한다.

기타 특성: 살이 매우 희고 맛이 있어 제주도 특산 어종으로 유명하다.

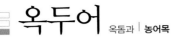

옥두어 옥돔과 | 농어목

학명: *Branchiostegus albus* **지방명:** 먹옥돔
외국명: White horsehead (영); シロアマダイ(siroamadai) (일))

▶▶ 머리의 급한 경사와 나란히
눈과 입이 위치한다.

형태: 옥돔과 체형이 매우 비슷하지만 영어 이름에
서 알 수 있듯이 옥돔보다 흰빛이 강하다. 몸 색은 짙
은 회색빛이 도는 옅은 적갈색이며 배는 흰빛을 띤다. 머리는 눈 위에서 입 쪽으로 급
경사를 이루며 맨 아래쪽에 입이 있어 눈에서 입까지 거의 일직선을 이룬다. 몸길이는
40~45cm이다.

생태: 수심 30~150m의 모래펄과 모래 바닥에 살면서 새우, 게 등 무척추동물을 포함
한 여러 가지 동물성 먹이를 잡아먹는다. 옥돔보다 성장 속도가 빠른 것으로 알려져 있
는데, 특히 초기의 성장 속도가 빨라서 생후 2년이면 30cm 이상으로 자라 상품 가치가
있을 정도이다.

분포: 우리나라 남해와 제주도 연안, 일본 중부 이남, 중국해, 필리핀 연안에 분포한다.

기타 특성: 마치 신선도가 떨어져 몸 색이 허옇게 변한 옥돔처럼 보이지만 맛은 좋다.

만새기

학명: *Coryphaena hippurus*

외국명: Mahimahi, dolphinfish (영); シイラ(shiira) (일)

▶▶ 10cm 크기의 만새기 새끼

형태:　몸은 타원형이며 옆으로 납작한 형태이다. '짱구'처럼 생긴 머리가 가장 큰 특징이다. 어릴 때는 머리 모양이 일반 어류와 같지만 자라면서 이마가 튀어나온다. 몸길이는 90cm 이상으로 자란다.

생태:　바다 표층에 떠다니는 나무나 해초 아래에 모여 휴식을 취하거나 이동하는 습성이 있다. 대개 봄, 여름(또는 해역에 따라 연중) 동안 산란하는데 이때는 연안으로 접근하는 경향이 있다. 정어리, 멸치, 말쥐치 등 소형 물고기와 오징어, 게 등의 갑각류를 좋아하며 특히 날치를 즐겨 먹는다.

분포:　우리나라 남해와 동해, 일본 중남부 해역, 중국, 타이완, 남태평양, 하와이 연안, 지중해 등 전 세계에 널리 서식한다.

기타 특성:　여름철에 맛이 좋은 편이며 회로 먹기도 한다. 물 위로 약 6m까지 뛰어오르기도 한다. 빠른 유영 속도와 점프 실력은 먼바다에서 살아가는 대형 육식성 어종인 참치류나 새치류로부터 자신을 보호하고, 작은 물고기를 잡아먹는 데 유리하다.

갈전갱이 전갱이과 | 농어목

학명: *Carangoides equula* 지방명: 평전광어(전남)
외국명: White fin trevally (영); カイワリ(kaiwari) (일)

형태: 타원형의 몸은 등이 높고 매우 납작하며 등은 은청색, 배는 은색을 띤다. 몸통의 옆줄은 활처럼 휘어져 있고 꼬리자루 위 옆줄에는 작은 모비늘이 줄지어 있다. 제2등지느러미와 뒷지느러미 윗부분은 검은색을 띠며 그 가장자리는 흰색이다. 꼬리지느러미 끝단도 흰색을 띤다. 어린 개체에서 보이는 황갈색 띠무늬는 성장하면서 없어진다. 몸 길이는 35cm 내외이다.

생태: 수심이 얕은 연안에서 대륙붕 200m까지 다양한 수심대에서 서식한다. 바닥층에 사는 새우, 게 등 무척추동물과 물고기를 잡아먹는다.

분포: 우리나라 남해, 일본 중부 이남, 중국 연안에 분포하며, 인도양, 태평양, 동부 아프리카 연안, 뉴질랜드, 대서양, 남아프리카 남동 연안 등지에서 폭넓게 서식한다.

기타 특성: 식용하며 낚시 대상어로도 인기가 있다.

농어목 | 전갱이과 **잿방어**

학명: *Seriola dumerili* 지방명: 납작방어

외국명: Greater amberjack, Amberjack, Rudderfish (영); カンパチ(kanbachi) (일)

▶▶ 떼를 지어 다니는 습성이 있다.

형태: 몸은 전형적인 방추형이며 방어보다는 통통하고 등이 높은 편이다. 등은 적자색, 회청색, 배는 은회색이다. 어릴 때에는 뒷머리에서 눈까지 앞쪽으로 비스듬한 갈색 띠가 있다. 몸의 중앙선을 따라 희미하게 노란색 세로띠가 있다. 육식성이 강하며, 몸길이는 1.5m까지 자란다.

생태: 전형적인 먼바다에서 사는 어종이며, 표층에서 300m의 깊은 바다 수심대까지 서식한다. 새끼 때는 표층에 떠다니는 모자반 같은 해조류 아래에 숨어 지내다가 어른 손바닥만 하게 크면 해조에서 벗어나 무리 지어 다닌다. 여름에는 연안으로 접근하고 겨울이면 남쪽 먼바다로 회유한다. 방어보다는 따뜻한 바다에 살며, 자리돔, 전갱이 등 작은 물고기와 새우류 등을 먹는다.

분포: 우리나라 남해와 제주도 그리고 동해, 일본, 인도양, 북서 태평양, 하와이, 남아프리카, 중부 대서양에 널리 분포한다.

기타 특성: 방어보다 맛이 있다.

123

전갱이 전갱이과 | 농어목

학명: *Trachurus japonicus* **지방명:** 메가리, 아지, 각재기
외국명: Horse mackerel (영); マアジ(maaji) (일)

▶▶ 무리를 지어 바다의
표층을 헤엄치고 있다.

형태: 몸은 방추형이며 옆줄 위에 날카로운 모비늘
이 발달해 있다. 등은 녹청색, 배는 은백색을 띤다.
토막지느러미는 없으며 항문 뒤에 강하고 짧은 가시가 2개 있다. 몸길이
는 40cm까지 자란다.

생태: 수심 200m의 대륙붕 지대, 연안에 떼를 지어 사는 표층성 어종이다. 새끼일 때
는 떠다니는 해조류 아래 숨어 지내다가 성장하면 해조류를 떠나 연안이나 만으로 들어
와 무리를 지어 여름을 지내고 늦가을에 깊은 곳으로 이동하여 겨울을 난다. 플랑크톤,
곤쟁이, 새우, 물고기 새끼 등을 먹고 산다.

분포: 우리나라 전 연안, 일본, 중국 연안, 동중국해에서 동남아, 태평양 연안까지 널
리 서식한다.

기타 특성: 살에 기름이 오르는 여름철 회맛이 일품이다. 우리나라에서는 새끼들을 바
다 어류 양식장에서 사료로 사용할 만큼 자원량이 풍부한 어종이다. 일본에서는 횟감으
로 인기가 있어 양식하기도 한다.

학명: *Seriola lalandi* 지방명: 평방어, 납작방어, 히라스(부산)

외국명: Yellow tail amberjacks (영); ヒラマサ(hiramasa) (일)

▶▶ 머리의 위턱 뒤 가장자리가 부드러운 곡선을 이루어 방어와 구분된다.

형태: 몸은 방추형이며 방어보다 더 납작하다. 주둥이에서 꼬리자루까지 몸의 옆면 중앙에 나 있는 노란색 가로띠도 방어보다 조금 더 선명하다. 위턱 뒤 가장자리 윤곽이 둥글어 직각을 이루는 방어와 구분된다. 몸길이는 1m 이상으로 자란다.

생태: 방어와 마찬가지로 따뜻한 바다를 좋아하며 난류를 따라 무리 지어 다닌다. 새우, 게와 같은 갑각류, 오징어, 물고기를 잡아먹는 육식성 어종이다. 태어난 지 2년 만에 몸길이가 50cm를 넘으면 산란하기 시작하는데 4~6월 사이에 주로 산란한다. 70cm급 암컷 한 마리가 한 번에 약 130만 개의 알을 낳는다.

분포: 우리나라 동해와 남해, 일본, 타이완 등지에 분포한다.

기타 특성: 계절에 따라 맛이 다르지만 방어보다 맛이 좋다는 평가를 받는다.

참치방어 전갱이과 | 농어목

학명: *Elagatis bipinnulata*
외국명: Rainbow runner (영); ツムブリ (tsumuburi) (일)

▶▶ 무리 지어 다니는 참치방어는 눈 아래 위에서
꼬리자루까지 이어지는 하늘색 띠가 특징이다.

형태: 몸은 긴 유선형이며 등은 청록색, 배는 누른빛
이 도는 흰색이다. 몸의 옆면 중앙에 노란색 가로띠가
2줄 있다. 꼬리지느러미는 깊이 파여서 아래위로 갈라진 것처럼 보인
다. 몸길이는 1m 내외로 자라지만, 우리나라에선 40~50cm급이 흔하다.

생태: 조류 소통이 원활한 앞바다 표층에서 무리 지어 산다. 때로는 산호초나 수심
100m의 깊은 수심대에도 나타난다. 빠른 속도로 헤엄치면서 물고기나 떠다니는 새우,
게 등을 잡아먹는다.

분포: 우리나라 동해와 남해, 전 세계의 열대와 아열대 바다에 널리 서식한다.

기타 특성: 식용하며 덩치가 큰 것은 회로도 즐긴다.

농어목 | 퉁돔과 **점퉁돔**

학명: *Lutjanus russellii*

외국명: Russell's snapper (영); クロホシフエダイ (kurohoshi-fuedai) (일)

형태: 몸은 밝은 흰색 또는 분홍색을 띠며 등과 머리는 갈색이다. 등지느러미 줄기부 아래의 옆줄 위에 타원형의 검은 반점이 있다. 어린 새끼의 몸 옆면에는 사진처럼 4개의 검은 줄무늬와 등 쪽에 검은색 둥근 점이 있다. 등지느러미에는 각각 10개씩의 가시와 줄기, 뒷지느러미에는 3개의 강한 가시와 8개의 줄기가 발달해 있다. 몸길이는 50cm 이다.

생태: 수심 80m 연안에 사는 열대 어종이다. 내만 또는 외해에 면한 암초, 산호초 지대에서 산다. 새끼들은 강하구나 연안의 얕은 곳에 자주 나타난다. 바닥에 사는 무척추동물, 작은 물고기를 잡아먹는 육식성 어종이다. 몸길이가 30cm 정도 되면 산란을 하며, 해역에 따라 산란 시기가 다른데 대개 가을에서 이듬해 봄까지 산란한다.

분포: 우리나라 제주도 연안에서 가끔 발견되며, 일본 남부에서 호주 연안, 인도양, 태평양, 동부 아프리카 연안에서 남태평양 피지까지 널리 분포한다.

기타 특성: 식용하며 홍콩 등지에서는 활어로도 유통된다.

다섯줄노랑퉁돔(가칭) 퉁돔과 | 농어목

학명: *Lutjanus quinquelineatus*
외국명: Five-lined snapper (영); ロクッセンフエダイ(rokusenhuedai) (일)

형태: 몸은 노란색을 띠며 살아 있을 때는 몸의 옆면에 5~6개의 가느다란 푸른색 줄무늬가 나타나지만 죽으면 짙은 갈색으로 변한다. 몸길이는 30cm 내외이다.

생태: 어린 개체와 어미가 산호초 해역에서 함께 관찰되는 열대 어종이다. 탐식성이 강해 입에 들어가는 것은 무엇이든 먹는다. 우리나라 연안에서의 산란 생태는 알려진 것이 없지만 남태평양에서는 주로 11월에서 이듬해 1월 사이에 산란을 한다.

분포: 우리나라 제주도에서는 희귀한 종이지만 인도양, 태평양의 열대 · 아열대 바다에서는 널리 분포한다.

기타 특성: 살이 희고 맛이 있어 열대 지방에서는 식용을 하며, 낚시 대상어로도 인기가 있다. 돔(snapper)이라 부르기도 한다. 우리나라 미기록 어종이다.

농어목 | 게레치과 **게레치**

학명: *Gerres oyena*

외국명: Common silver-biddy, Black-tipped silver-biddy (영); クロサギ(kurosagi) (일)

▶▶ 작은 주둥이는 앞으로
길게 돌출할 수 있다.

형태: 몸은 타원형으로 매우 납작하며, 전체적으로 밝은 은색을 띤다. 어릴 때는 스트레스를 받으면 몸의 옆면에 6~8줄의 불규칙한 수직 줄무늬가 나타난다. 배지느러미는 반투명하거나 노란색을 약간 띤다. 비늘이 크고 등지느러미의 가시부에 작은 검은 점들이 줄지어 있으며, 지느러미 막 가장자리가 검은색이라 유사 종들과 구분된다. 몸길이는 대개 15cm 내외이지만 기록상 최대는 30cm이다.

생태: 수심 20m 내외의 얕은 연안을 따라 단독 또는 무리를 지어 서식하는 소형 열대성 어종이다. 모래 바닥 속에 사는 작은 갯지렁이 같은 무척추동물을 잡아먹는다. 몸길이가 20cm 내외로 자라면 산란을 시작한다.

분포: 우리나라 남해와 제주도 연안, 일본 남부, 인도양, 태평양, 아프리카 동부 등지에 널리 분포한다.

기타 특성: 식용하기도 하지만, 열대 지방에서는 어분의 원료로 주로 사용된다.

벤자리 하스돔과 | 농어목

학명: *Parapristipoma trilineatum*
외국명: Chicken grunt, Threeline grunt (영); イサキ(isaki) (일)

▶▶ 어린 벤자리가 떼를 지어 헤엄치는데,
몸 옆면에 3줄의 황갈색 띠가 뚜렷하다.

형태: 몸은 긴 타원형이며 약간 납작하다. 등은 자주색을 띠는 흑회색이고 배는 연한 회색이다. 어릴 때 몸의 옆면에 나타나는 3줄의 뚜렷하고 밝은 황갈색 세로띠는 자라면서 희미해지거나 없어진다. 몸길이는 30cm급이 흔하며 40cm까지 자란다.

생태: 낮에는 깊은 곳에 머물다가 밤이면 얕은 곳으로 이동하는 습성이 있다. 난류성 어종으로 여름철 남해안의 먼 외곽도서 연안에 떼를 지어 나타난다. 여름철이면 어린 개체들이 난류를 따라 북상하여 울릉도, 독도 연안에서도 발견된다. 동물플랑크톤, 새우 등 무척추동물을 먹는다. 부화한 지 2년이 지나 20cm 내외로 자라면 산란을 시작하며 6~8월 사이에 알을 낳는다.

분포: 우리나라 제주도 연안, 남해에서 동중국해, 인도양, 서태평양까지 분포한다.

기타 특성: 우리나라 연안에는 여름철에 출현하며 제주도에서 인기가 좋다. 살아 있을 때 회로 먹는데, 죽으면 특유의 냄새가 나서 맛이 떨어진다.

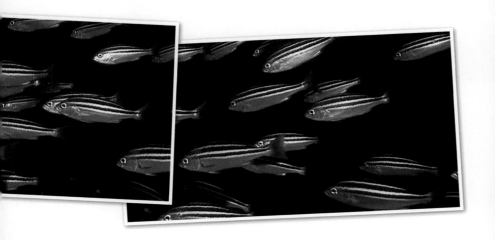

참돔 도미과 | 농어목

학명: *Pagrus major* 지방명: 도미, 빨간돔, 황돔(제주), 상사리(어린 개체)
외국명: Red sea bream (영); マダイ(madai) (일)

▶▶ 어린 참돔은 옆면의 붉은색
줄무늬가 뚜렷하다.

형태: 붉은색을 띠는 몸에 푸른빛의 작은 점들이 흩어져 있어 매우 아름답다. 어릴 때는 몸 옆면에 붉은색 띠가 5줄 나타나지만 자라면서 없어진다. 자랄수록 몸에 비해 머리가 커진다. 산란기에 이르면 수컷은 검은색이 강해지며 혼인색(婚姻色)을 띤다. 몸길이는 70~100cm이다.

생태: 수심 20~150m인 앞바다에서 서식하며, 바닷물이 잘 흐르고 바닥에 바위나 자갈이 많은 곳을 좋아한다. 4~7월에 진해만, 한산도, 거제도 부근, 남해, 제주도 연안에서 둥글고 투명한 알을 낳는다. 알들은 흩어져 바다 표면을 떠다니며 부화한다. 적당한 서식 수온은 15~28℃이며 겨울철에도 10℃ 이상이 되어야 하므로 남해의 깊은 곳이나 제주도로 이동하여 겨울을 난다. 수명은 보통 20~30년쯤이지만 50여 년을 산 것도 있어 바닷물고기 중에는 비교적 오래 사는 편이다. 새우, 게 등 동물성 먹이를 잡아먹는다. 태어난 지 1년이 지나면 20~25cm로 자라며, 4~5년이면 몸길이 35~45cm, 체중 1kg 정도로 성장한다. 최대 몸길이는 1m 이상이다.

분포: 우리나라 전 연안과 일본, 중국, 타이완 등지에 널리 분포한다.

기타 특성: 선홍빛 바탕에 푸른빛 점들이 흩어져 있는 아름다운 모습에서 '바다의 여왕', '바다의 왕자'란 별명을 얻었으며, 일본에서 '썩어도 돔'이란 말이 있을 정도로 맛도 좋다. 약간 분홍빛이 감도는 살은 연하고 달아서 회, 구이, 맑은 국 등 다양한 요리로 인기가 좋다. 여름철 낚시 대상어로도 인기가 높다. 대량 생산 기술이 개발되어 가두리 양식을 하고 있다.

황돔 도미과 | 농어목

학명: *Dentex tumifrons* 지방명: 뱅꼬돔
외국명: Yellow seabream (영); キダイ (kidai) (일)

▶▶ 참돔보다 이마 각도가 가파르며
윗입술은 빨간빛을 띤다.

형태: 몸은 등이 높은 타원형이며 머리 위쪽은 눈앞
이 돌출되어 있어서 급경사를 이룬다. 등 쪽은 약간 노란색을 띤 아름다운 붉은색이고
배는 은백색으로 얼핏 보면 참돔 새끼처럼 보인다. 등 쪽 가장자리에 있는 희미한 황색
반점 3개로 구분한다. 몸길이는 35cm 정도이다.

생태: 암컷은 몸길이가 15cm 이상 자라면 성숙해져 남해에서는 봄부터 여름에 걸쳐 산
란을 한다. 회유로가 그다지 넓지 않은 종으로 알려져 있는데 겨울에는 깊은 곳에 머물
다가 여름이 되면 얕은 곳으로 이동하는 정도이다. 크기가 작은 개체는 남해안에 많고,
클수록 동중국해 쪽에 많은 것으로 보아 성장함에 따라 북쪽 해역에서 남쪽 해역으로
이동하는 것으로 보인다. 새우, 매퉁이, 쏨뱅이, 눈볼대 같은 작은 어류를 특히 좋아하
며 게류, 오징어 등 다양한 먹이를 먹는다.

분포: 우리나라 남해, 동중국해에 분포한다.

기타 특성: 식용하며 구이는 참돔보다 더 맛이 있다.

농어목 | 도미과 **감성돔**

학명: *Acanthopagrus schlegelii* 지방명: 감싱이, 뱃돔, 감숭어, 비드락, 깻잎감시, 감시

외국명: Black seabream (영); クロダイ (kurodai) (일)

▶▶ 끝이 둥근 송곳니들이 여러 줄 발달해 있어
껍질이 강한 먹이도 부숴 먹을 수 있다.

형태: 몸은 타원형이며, 참돔에 비해 이마선이 둥글지 않고 직선형이다. 빛깔은 회흑색으로 등 쪽이 진하고 배 쪽은 연하며, 옆구리에는 가늘고 불분명한 세로로 그어진 선이 있다. 몸길이는 60cm 내외로 자란다.

생태: 육지로 깊숙이 들어간 연안의 조용한 내만을 산란장으로 이용하는데 우리나라에서는 남해안의 득량만, 강진만, 순천만, 여자만, 고성만 등지가 대표적이다. 새끼들은 5~7월에 해초가 무성한 연안의 얕은 곳에 떼를 지어 나타났다가 가을이 되면 서서히 깊은 곳으로 옮겨 간다. 새우, 게류, 갯지렁이류, 조개류, 소형 갑각류, 어류 등 다양한 먹이를 잡아먹으며, 위장의 내용물을 살펴본 결과 해조류 10여 종도 확인되었다.

분포: 우리나라의 전 연안, 일본, 동중국해에 분포한다.

기타 특성: 성 전환을 하는 종으로 몸길이가 25~30cm(2~3년)가 되면 모두 수컷이거나 수컷 역할을 한다. 4년이면 암컷이 나타나기 시작해 그 후 점차 암컷의 비율이 높아진다.

갈돔 갈돔과 | 농어목

학명: *Lethrirnus nebulosus* 지방명: 돔
외국명: Spangled emperor, blue emperor scavenger (영); ハマフエフキ(hamahuehuki) (일)

▶▶ 주둥이가 뾰족하며 입은
머리 앞 끝에 위치한다.

형태: 몸은 타원형이며 납작하다. 전형적인 돔의
형태라서 참돔이나 감성돔과 헷갈리기도 하지만 회갈색의 몸 색과 앞으로 뾰족 나온 주
둥이 모양으로 구분한다. 참돔보다 주둥이가 뾰족하게 돌출되어 있으며 입술이 두툼하
고 매끄럽다. 몸길이는 90cm 정도까지 자란다.

생태: 탐식성이 강한 육식성 물고기이며 갯지렁이, 조개, 새우나 게 같은 갑각류 등 다
양한 먹이를 먹는다. 참돔이나 감성돔보다는 따뜻한 바다를 좋아하며 최근 남해 백도
에서 수십 마리씩 떼를 지어 다니는 것이 관찰되었다. 태어난 지 4년이 지나 몸길이가
33cm 이상으로 자라면 산란을 시작한다. 남태평양 열대 바다에서는 연중 산란이 이루
어진다.

분포: 우리나라 남해에서 호주 연안까지 분포한다.

기타 특성: 우리나라에서는 흔하지 않지만 도미처럼 생겨서인지 어시장에서 '돔'으로
팔리기도 한다.

농어목 | 실꼬리돔과 # 실꼬리돔

학명: *Nemipterus virgatus*

외국명: Threadfin bream (영); イトヨリダイ (itoyoridatai) (일)

▶▶ 위 꼬리지느러미의 끝이 노란색 실처럼 길게
뻗어 있어 실꼬리돔이란 이름으로 불린다.

형태: 몸은 긴 타원형으로 약간 납작하고, 몸은 분홍색을 띠며 배 쪽은 조금 연하다. 몸의 옆면에 6~8줄의 화려한 노란색 세로선들이 있다. 등지느러미의 가장자리는 화려한 황적색을 띤다. 꼬리지느러미는 깊이 파였으며 가장 위 줄기는 실처럼 길게 뻗어 있는 것이 특징이다. 몸길이는 30~40cm이다.

생태: 수심 40~100m의 깊은 바다에서 서식하는데, 특히 수심 70~90m의 펄 바닥이나 모래가 섞인 펄 바닥에 많다. 몸길이가 20cm를 넘으면 어미가 되어 산란을 하는데, 산란기는 4~8월이다. 산란은 수심이 20~30m인 얕은 모래펄 바닥에서 이루어진다. 새우, 게, 조개, 갯지렁이, 요각류 외에 작은 물고기들을 잡아먹는다.

분포: 우리나라 남해에서 호주 연안까지 분포한다.

기타 특성: 아름다운 겉모습만큼이나 맛이 있는 물고기로, 갓 잡은 것은 회로 먹는다. 연한 흰 살은 투명하고 잡냄새가 없으며 소금구이로도 인기 높다.

137

보구치 민어과 | 농어목

학명: *Pennahia argentata* 지방명: 백조기
외국명: Silver croaker (영); シロクチ(shirokutsi) (일)

▶▶ 양턱에는 작은 송곳니가 발달해 있고,
뺨에도 은빛 비늘이 덮여 있다.

형태: 등은 담회색, 배는 은백색을 띠고 몸의 옆면에
무늬가 없으며 아가미뚜껑 위에 커다란 검은색 점이 있다. 배 쪽에 황금색의 샘(腺)기관
이 없는 것으로 참조기, 부세, 강달이와 구별한다. 몸길이는 30cm 정도로 자란다.

생태: 제주도 서남방 해역에서 겨울을 나고 봄이 되면 서해 북쪽으로 이동한다. 큰 놈
일수록 수온과 염분도가 높고 수심이 깊은 바다에 분포한다. 우리나라 근해에서는 5~8
월에 산란을 하는데 서해 5~6월, 남해 6~8월에 연안으로 몰려와 산란하는 것으로 추
정된다. 새끼 때는 요각류와 같은 플랑크톤을 먹다가 성장하면서 새우, 게, 갯가재, 곤
쟁이류, 오징어, 어류 등을 먹는다.

분포: 우리나라 서해, 제주도 연안, 황해와 발해, 동중국해에 널리 분포하는 종이다.

기타 특성: 산란할 때 '구우구우' 하는 소리를 내면서 우는 습성이 있다. 참조기에 비해
맛이 없다.

농어목 │ 민어과 # 민어

학명: *Miichthys miiuy*

외국명: Brown croaker (영); ホンニベ(honnibe) (일)

▶▶ 강인해 보이는 턱에 강한 송곳니가 발달해 있다.

형태: 몸은 약간 납작한 원통형에 길고, 꼬리는 가늘다. 흑회색, 흑갈색, 황갈색을 띠지만 배는 회백색이고 살아 있을 때는 밝은 빛을 띤다. 양턱에는 작고 날카로운 송곳니가 줄지어 발달해 있다. 몸길이는 1m 이상 자란다.

생태: 수온이 15~25℃인 해역의 표층에서 저층(수심 80~120m)까지 폭넓은 수층에서 서식하면서 새우, 멸치류, 조기류와 같은 작은 물고기 외에 오징어 등을 잡아먹는다. 가을과 겨울에는 제주도 남서 해역에서 지내다가 봄이 되면 북쪽으로 이동한다. 태어난 지 6년이 지나 몸길이가 60cm쯤 되면 산란을 시작한다. 남해안에서는 7~8월, 경기만에서는 9~10월에 산란한다. 어미 한 마리가 대략 70만~200만 개의 알을 낳는다.

분포: 우리나라 서해안, 황해, 동중국해에 널리 분포한다.

기타 특성: 부레가 두껍고 큰 것이 특징이며 소리도 낸다. 부레는 날로 먹어도 맛이 있어 미식가들에게 인기가 높다.

참조기 민어과 | 농어목

학명: *Larimichthys polyactis*   지방명: 조구
외국명: Small yellow croaker (영); キグチ(kiguchi) (일)

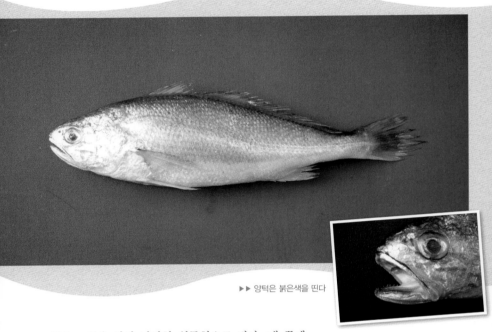

▶▶ 양턱은 붉은색을 띤다

형태: 몸은 약간 납작한 원통형으로 길다. 배 쪽에
황금색의 과립형 기관(황금색 둥근 점)이 발달한 점, 정수리에 다이아몬드형 윤곽이 보이
는 것이 특징이다. 몸길이는 40cm 정도이다.

생태: 제주도 서남방 해역에서 겨울을 보내고 봄이 되면 산란을 위해 서해안을 따라 북
쪽으로 옮겨 간다. 산란 수온은 12~14℃이며, 시기는 철쭉꽃이 만발하는 3~4월에는 칠
산도 앞바다, 연평도는 4~5월로 알려져 있다. 대개 암컷은 몸길이가 20cm 정도면 알을
낳으며, 산란할 때 '구우구우' 소리를 내며 우는 습성이 있다. 참조기는 암컷과 수컷이
서로 위치를 알리거나 무리를 지어 이동할 때 질서를 유지하기 위해서도 울음소리를 낸
다고 한다. 주로 동물플랑크톤, 바닥층에 사는 무척추동물, 작은 물고기들을 먹고 산다.
새끼들은 가을까지 서해에서 성장하다가 겨울이 다가오면 월동을 위해 남하한다.

분포: 우리나라 남해와 서해, 동중국해에 널리 분포한다.

기타 특성: 1950년대까지만 해도 자원량이 많아서 서해안에서는 북상하는 참조기 어군
을 따라 어장들이 형성되었으며, 특히 연평도의 조기 파시(波市)가 유명했다.

140

농어목 | 촉수과 **두줄촉수**

학명: *Parupeneus spilurus* 지방명: 촉수
외국명: Blackspot goatfish, Red goatfish (영); オキナヒメジ(okinahimeji) (일)

▶▶ 어린 두줄촉수는 꼬리자루의 흰색과 검은색 반점은
어미와 비슷하지만 머리와 몸 옆면의 줄무늬는 다르다.

형태: 몸은 붉은빛을 띠고 옆면에 폭이 넓고 옅은 갈색
의 세로무늬가 있으며 꼬리자루 위에 검은색 얼룩무늬가
있다. 눈을 지나는 띠무늬와 그 아래의 무늬는 몸통 뒤까지
이른다. 아래턱에 노란색을 띤 촉수가 2개 있다. 몸길이는 30cm 이상으로 자란다.

생태: 아열대와 열대 바다의 10~80m 수심대인 암반이 섞인 모래, 모래펄 바닥에서 서
식하며 조류의 흐름이 강한 곳을 좋아한다. 단독생활을 주로 하며 주둥이로 모래를 파
고 그 속의 동물플랑크톤이나 작은 갑각류를 잡아먹는다.

분포: 우리나라 남해와 제주도, 일본 남부, 오키나와 연안에서 호주 서부, 뉴질랜드 연
안까지 널리 서식한다.

기타 특성: 우리나라에는 자원량이 그다지 많지 않지만, 열대 지방의 어시장에서 흔히
볼 수 있다. 수중에서는 30cm 가량의 큰 두줄촉수가 먹이를 찾느라 바닥을 파헤치면 그
뒤로 작은 놀래기류들이 따라다니며 먹이를 찾아 먹는 재미있는 모습을 볼 수 있다.

노랑촉수 촉수과 | 농어목

학명: *Upeneus japonicus* 지방명: 촉수
외국명: Striped goatfish, Goatfish, Salmonet (영); ヒメジ(himeji) (일)

▶▶ 노랑촉수가 촉수를 늘어뜨린 채
무리 지어 다니고 있다.

형태: 몸은 긴 원통형이며 등은 붉은색, 배는 흰색이다.
턱 아래에 노란색 긴 촉수를 2개 가지고 있다. 눈 뒤에서
꼬리자루까지 몸의 옆면 가운데를 가로지르는 띠가 있으며 등지느러미와 꼬리지느러미
에는 2~3줄의 붉은색 띠가 있다. 비늘은 크고 쉽게 떨어져 나간다. 몸길이는 20cm이다.

생태: 연안에서 수심 90m 내외의 조개껍질이 섞인 조개껍질, 모래펄 바닥에서 서식한
다. 미뢰(맛세포)를 가진 턱 아래의 촉수로 바닥을 더듬거리면서 갯지렁이, 새우, 게 등
을 잡아먹는다. 산란기는 여름철이며 약 1~2만 개의 알을 낳는다.

분포: 촉수류 중에서 열대 해역을 제외한 북쪽 해역에서 서식하는 종으로 우리나라 남해
와 제주도, 일본 남부에서 타이완, 중국 하이난섬, 베트남 북부 해역까지 널리 분포한다.

기타 특성: 소형 어종이라 주요 수산 어종은 아니다. 다만 촉수를 더듬거리며 먹을 것
을 찾는 모습이 귀여워 스쿠버다이버들에게 인기가 있다.

노랑줄촉수

학명: *Upeneus moluccensis*

외국명: Goldband goatfish (영); キスジヒメジ(Kisujihimeji) (일)

형태: 몸은 약간 납작한 원통형이며 전체적으로 분홍색을 띤다. 몸 전체가 큰 비늘로 덮여 있다. 몸의 옆면에는 눈 뒤에서 꼬리자루 윗부분에 이르는 노란색 띠가 있다. 제1, 2등지느러미에 오렌지색, 붉은색 띠들이 3~4개 발달해 있다. 꼬리지느러미 위쪽에는 5~6개의 붉은색 띠가 있고, 아래쪽은 노란색이고 가장자리가 검다. 뒷지느러미와 배지느러미는 투명한 흰색이다. 몸길이가 20cm 내외인 소형 촉수류이다.

생태: 모래펄 바닥이 발달한 얕은 연안에 큰 무리를 지어 서식한다. 보통 빠른 속도로 이동하다가 먹이를 찾기 위해 잠깐씩 정지하는 행동 습성을 보인다. 바닥에 사는 작은 무척추동물이나 물고기 등을 잡아먹는다. 몸길이가 14cm 정도 자라면 산란을 시작하며 알은 2~4월에 낳는다.

분포: 우리나라 제주도 연안에 가끔 출현하며, 주로 인도양, 태평양, 홍해 등지의 열대 바다가 주요 서식지이다.

기타 특성: 열대 지방에서는 식용하며 알도 인기가 있다.

검은줄촉수 촉수과 | 농어목

학명: *Upeneus tragula*

외국명: Freckled goatfish (영); ヨメヒメジ (yomehimeji) (일)

형태: 몸은 옅은 분홍색이며 주둥이에서 꼬리자루까지 몸의 옆면 중앙을 따라 뚜렷한 갈색 세로띠가 하나 있다. 때로는 몸 옆에 갈색 가로띠 4~5개가 나타나기도 한다. 꼬리 지느러미의 위아래에도 갈색 띠가 4개씩 있다. 제1, 2등지느러미에 갈색 반점이 있다. 몸길이는 20cm 내외이다.

생태: 수심이 10~50m인 암반 주위의 모래나 펄 바닥에서 서식하는 열대성 촉수류이다. 강과 바다가 만나는 곳에서도 서식한다. 주로 동물플랑크톤이나 바닥에 사는 작은 무척추동물을 먹는다.

분포: 우리나라 제주도 연안, 일본 남부, 인도양, 태평양, 동부 아프리카에서 널리 서식한다.

기타 특성: 열대 지방의 어시장에서는 수산 어종으로 팔리기도 한다. 수족관에서도 인기가 있다.

주황촉수

학명: *Parupeneus chrysopleuron*

외국명: Yellow striped goatfish (영); ウミヒゴイ (umihigoi) (일)

▶▶ 여러 마리의 주황촉수가 바닥에서 휴식을 취하고 있다.

형태: 비단잉어를 닮은 촉수류이다. 턱 아래의 수염은 짧다. 몸은 주홍색을 띠고 꼬리자루에 검은 반점이 없으며, 살아 있을 때는 눈 뒤에서 꼬리지느러미 앞까지 짙은 주홍색 선이 몸의 옆면에 뚜렷이 나타나기도 한다. 이 띠는 죽으면 사라진다. 촉수류 중에서는 큰 편으로 몸길이가 50cm를 넘기도 하지만 제주도에서는 30cm급이 흔하다.

생태: 어릴 때는 무리 지어 살다가 어미가 되면 단독생활을 한다. 열대 바다에서는 암초가 발달한 수심 10~50m의 주변 모래 바닥에서 발견된다. 다른 촉수류와 마찬가지로 바닥을 파면서 작은 무척추동물들을 찾아 먹는다.

분포: 우리나라 제주도, 일본 남부, 오키나와, 북서 태평양의 열대 바다에 분포한다.

기타 특성: 식용하는 수산 어종으로 제주도 어시장에서도 가끔 만날 수 있다.

주걱치 주걱치과 | 농어목

학명: *Pempheris japonica* 지방명: 날개주걱치
외국명: Blackfin sweeper (영); ツマグロハタンポ(tsumagurohatanpo) (일)

▶▶ 성인 손바닥 크기만 한 주걱치의
배가 아래로 처져 있다.

형태: 몸은 붉은빛을 띠는 갈색이며 배가 아래로 처
졌다. 눈이 크고 꼬리는 가늘다. 항문 뒤에서 꼬리까
지 긴 뒷지느러미가 있다. 몸길이는 15cm 내외이다.

생태: 우리나라에서는 제주도 연안의 암초가 발달한 곳에서 무리 지어 사는 열대 어
종이다. 야행성이 강하며, 6~7월에 산란을 한다. 바닥에 사는 새우, 게 등 갑각류를
먹는다.

분포: 우리나라 제주도 연안, 필리핀 연안에서도 확인된다.

기타 특성: 1990년대 중반 이후 서귀포 연안에서 개체 수가 늘어나는 경향을 보인다.

농어목 | 나비고기과

나비고기

학명: *Chaetodon auripes*

외국명: Oriental butterflyfish (영); チョウチョウウオ(chōchōuo) (일)

▶▶ 몸 색이 화려해
수중 사진작가들에게 인기가 높다.

형태: 몸은 달걀형이고 좌우로 납작하며 머리는 작고 주둥이가 뾰족하다. 몸 색은 황갈색이며 성어는 몸의 옆면에 비늘을 따라 흑갈색 세로띠가 있다. 눈을 가로지르는 폭이 넓은 검은색 가로띠가 있으며 그 뒤에 흰색 띠가 이어진다. 등지느러미와 뒷지느러미의 윤곽은 검다. 꼬리지느러미는 부채형이며 가장자리가 하얗다. 몸길이는 15~20cm 내외로 자란다.

생태: 산호, 해조류가 무성한 암반 지대에서 서식하며 크게 이동하지 않는 정착성 열대 어종이다. 단독생활을 하거나 무리를 짓기도 한다. 동물플랑크톤이나 소형 무척추동물을 잡아먹는다. 알을 낳는 난생이며 산란기가 되면 암수가 짝을 지어 다니며 체외수정을 한다. 수정란은 알알이 흩어져 떠다니며 발생한다.

분포: 우리나라 남해와 제주도 연안, 일본 남부, 타이완, 서태평양 해역에 널리 서식한다.

기타 특성: 우리나라 제주도 연안에서 가장 흔히 볼 수 있는 나비고기로, 생김새가 화려하고 예뻐서 관상용으로 인기가 높다.

147

세동가리돔 나비고기과 | 농어목

학명: *Chaetodon modestus* 지방명: 나비고기
외국명: Brown-banded butterflyfish (영); ゲンロクダイ(genrokudai) (일)

형태: 주둥이가 뾰족하고 몸은 매우 납작하며 등이 높은 달걀형이다. 흰색 바탕에 폭이 넓은 노란색 가로띠가 3개 있는데 그 가운데 맨 앞의 좁은 가로띠는 눈을 지나 비스듬히 앞쪽으로 휘어진다. 등지느러미 줄기 위에 눈보다 조금 큰 검은색 둥근 점이 있다. 몸길이는 주로 15cm 내외로 20cm까지 자란다.

생태: 연안의 얕은 모래 바닥에서도 관찰되며 주로 암초 지대에서 서식한다. 우리나라 연안에서는 여름철에 산란하는 것으로 추정되며 새끼들은 여름과 가을에 연안에 출현한다. 3cm 이하의 어린 새끼는 머리가 골판으로 덮여 있으며, 성장하면서 어미와 같은 형태로 변태한다. 겨울철 남해안에서 가끔 관찰될 정도로 찬 수온에도 적응한 종이다. 동물플랑크톤이나 작은 새우류 등을 먹는다.

분포: 우리나라 남해와 제주도, 일본 중부 이남, 동중국해, 필리핀까지 널리 서식한다.

기타 특성: 외형이 예쁜 나비고기류의 일종이며, 관상용 어종으로도 인기 있다.

농어목 | 나비고기과 **노랑점나비고기(가칭)**

학명: *Chaetodon selene*
외국명: Yellow-dotted butterflyfish (영)

▶▶ 노랑점나비고기가
산호 숲을 헤엄치고 있다.

형태: 전형적인 나비고기 형태로 흰색 바탕에 줄지어 노란색 작은 점들이 비스듬히 있다. 눈을 지나는 검은 색 띠와 등지느러미에서 시작하여 꼬리자루를 지나 뒷지느러미 중앙에 이르는 검은색 띠가 있다. 등지느러미, 뒷지느러미, 꼬리지느러미가 노란색이다. 몸길이는 15cm 내외이다.

생태: 수심 50m 정도까지의 얕은 연안의 산호초, 암초 지대에 살면서 작은 무척추동물을 잡아먹는다. 성장하면 암수가 짝을 지어 살아간다. 알을 낳는 난생어이다.

분포: 우리나라는 제주도에서 확인된 바 있으며, 일본, 타이완, 인도네시아 등지에 널리 서식하는데 보고 자료가 그리 많지 않은 희귀종이다.

기타 특성: 크기가 작은 나비고기류로 수산 어종으로는 인기가 없지만, 수족관의 관상용으로는 인기가 있다.

꼬리줄나비고기 나비고기과 | 농어목

학명: *Chaetodon wiebeli* 지방명: 나비고기
외국명: Seabeauty butterflyfish (영); ツキチョチョウオ(tsukichōchōuo) (일)

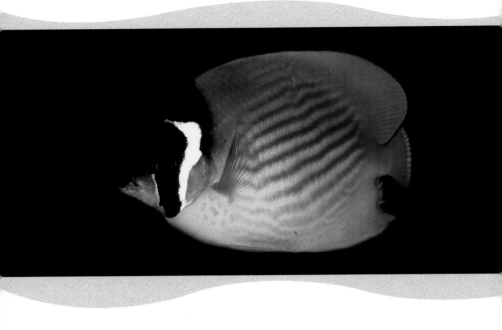

형태: 나비고기와 전체적인 생김새가 비슷하다. 눈과 꼬리지느러미 중앙을 가로지르는 검은색 띠와 꼬리지느러미 바깥 가장자리의 흰 테가 이 종을 구분하는 특징이다. 몸길이는 15~19cm 내외이다.

생태: 암반, 산호초가 발달한 수심 25m 정도의 얕은 연안에서 서식하며, 작은 무척추동물을 잡아먹거나 해조류를 주로 뜯어 먹는다. 암수가 짝을 짓거나 작은 무리를 이루어 살기도 한다. 일부일처의 습성을 가졌으며, 알을 낳는 난생으로 산란기에는 암수가 짝을 짓는다.

분포: 우리나라 제주도, 일본 남부, 타이완, 필리핀 등지에서 서식한다.

기타 특성: 1990년대 중반 우리나라 제주도에서 새로 보고된 종이며, 외형이 예뻐 관상용으로 인기가 높다.

농어목 │ 나비고기과 # 두동가리돔

학명: *Heniochus acuminatus*

외국명: Pannant coralfish （영）; ハタタテダイ(hatatatedai) （일）

형태: 등이 높고 납작하며 전체적으로 마름모꼴이다. 깨끗한 흰색 바탕에 폭이 넓은 검은색 가로띠가 두 줄 있는데, 앞쪽 것은 등지느러미 앞에서 시작하여 아가미뚜껑을 거쳐 배지느러미와 뒷지느러미 앞쪽에 이르며, 흰색의 등지느러미 가시부가 길게 뻗어 있다. 등지느러미의 뒷부분과 꼬리지느러미는 노란색을 띤다. 몸길이는 20cm 내외이다.

생태: 산호초와 암초가 발달한 수심이 수십 미터 이하의 얕은 열대 해역에서 출현한다. 열대 산호초 바다에서는 수십, 수백 마리가 떼를 지어 산호초 직벽을 타고 이동하는 장관을 종종 볼 수 있다. 어릴 때는 홀로 떨어져 생활하기도 하지만 다 자라면 암수가 짝을 짓고 알을 낳는다. 주로 플랑크톤을 먹고 살며 어린 개체 중에는 다른 물고기 피부에 붙어 있는 기생충을 잡아먹기도 한다.

분포: 우리나라의 제주도 연안에서 일본 남부, 미크로네시아, 남태평양, 호주 중북부 연안까지 널리 서식한다.

기타 특성: 화려한 생김새로 수족관에서 인기가 높다.

151

나비돔 나비고기과 | 농어목

학명: *Chaetodon nippon*
외국명: Blacklion butterfly fish (영); シラコダイ(shirakodai) (일)

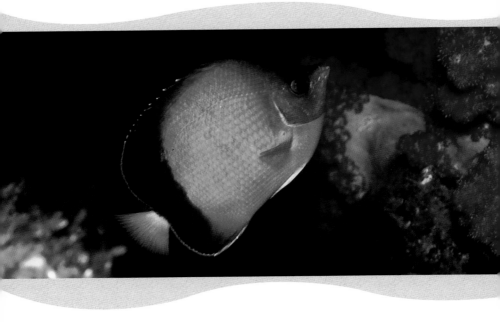

형태: 전형적인 나비고기의 형태이며 몸 색이 노랗고 뒤쪽은 짙은 갈색을 띤다. 꼬리지느러미는 노랗고 가장자리만 검다. 이처럼 별다른 줄이나 점이 없는 것이 특징이다. 등지느러미의 4번째 가시가 가장 길다. 몸길이는 12cm 정도이다.

생태: 온대 바다에서도 번식과 서식이 가능한 종으로 알려져 있으며, 암초가 잘 발달한 연안에서 산다. 주로 작은 동물플랑크톤을 먹고 산다. 봄부터 가을까지 산란하는 것으로 알려져 있다.

분포: 우리나라 제주도와 일본 중부 이남에서 타이완, 필리핀까지 분포한다.

기타 특성: 우리나라에서는 매우 드물게 보이는 종으로, 최근 난류구역에서는 여름에 새끼들이 관찰되기도 한다.

농어목 | 청줄돔과 # 청줄돔

학명: *Chaetodontoplus septentrionalis*

외국명: Bluestriped angelfish, Blue-lined angelfish (영); キンチャクダイ(kinchakudai) (일)

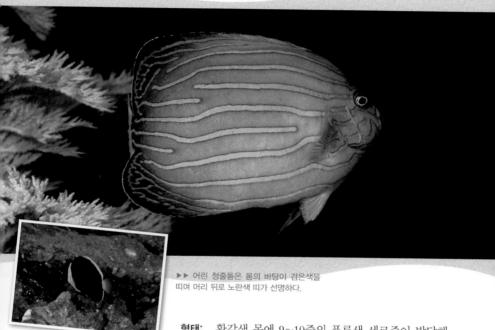

▶▶ 어린 청줄돔은 몸의 바탕이 검은색을
띠며 머리 뒤로 노란색 띠가 선명하다.

형태: 황갈색 몸에 9~10줄의 푸른색 세로줄이 발달해
있으며 세로줄 가장자리는 검은색이다. 꼬리는 노란색
을 띠며 아가미뚜껑 위에 뒤로 향하는 강한 가시가 1개 있다. 몸길이가 3~6cm인 어린
새끼는 몸 전체가 검은색이며 머리 뒤에 화려한 노란색 가로띠가 있어 어미와는 모습이
약간 다르다. 그러나 성장하면서 점차 어미를 닮아간다. 몸은 작고 단단한 비늘로 덮여
있어 만지면 까칠까칠하다. 몸길이는 25cm 내외이다.

생태: 크게 이동하지 않고 수심 10~30m의 얕은 암초, 산호초 연안에 정착해서 살아가
는 열대 어종이다. 무리를 짓지 않고 단독생활을 한다. 해면류나 산호 등을 갉아 먹는다.

분포: 우리나라에서는 제주도의 산호초, 암초 지대에서 흔히 확인되며 최근에는 경남
연안에서도 새끼들이 출현한다. 일본, 서태평양, 말레이시아 연안에 널리 분포한다.

기타 특성: 외형이 화려해 수족관에서 인기가 있으며, 식용하는 어미는 가끔 제주도와
남해안 어시장에서 만날 수 있다.

153

육동가리돔 황줄돔과 | 농어목

학명: *Evistias acutirostris*
외국명: Striped boarfish (영); テングダイ(tengudai) (일)

© 김병일

▶▶ 주둥이가 길게 돌출되어 있으며 뺨은 독특한
모양의 주름무늬와 비늘로 덮여 있다.

형태: 몸은 등이 높고 납작하며, 머리 아래쪽에 있
는 주둥이가 길게 돌출되어 있고 아래턱에 짧은 돌기
들이 발달해 있다. 노란색 바탕에 갈색 띠가 6줄 있다. 등지느러미가
크고 노란색이다. 몸길이는 50cm에 이른다.

생태: 온대성 어종이며 연안에서 수심 250m까지 넓게 서식한다. 암초가 잘 발달된 곳
에 많으며 모래 바닥에서도 출현한다.

분포: 우리나라 남해와 제주도, 일본 중부 이남에서 호주 남동부, 하와이까지 널리 분
포한다.

기타 특성: 남해안이나 제주도 연안에서 몇 마리씩 짝지어 다니는 이 종을 가끔 만날
수 있다.

농어목 | 황줄깜정이과

긴꼬리벵에돔

학명: *Girella melanichthys* 지방명: 흑벵에돔
외국명: Smallscale blackfish, Girella (영); クロメジナ(kuromejina) (일)

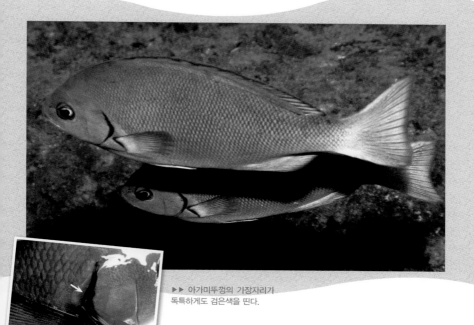

▶▶ 아가미뚜껑의 가장자리가 독특하게도 검은색을 띤다.

형태: 벵에돔과 닮아서 오랫동안 같은 종으로 취급되어 왔다. 꼬리지느러미가 길고 아래위 꼬리 끝이 뾰족하며, 아가미뚜껑의 뒤 가장자리와 가슴지느러미가 시작되는 몸통이 검은색을 띠는 것으로 벵에돔과 구분한다. 벵에돔보다 비늘이 작고 몸이 매끄러워 보인다. 일본 규슈 남쪽의 난류구역에서는 60~70cm급도 있지만 우리나라 연안에서는 40cm 이상이면 큰 개체로 취급한다.

생태: 벵에돔보다는 연안에서 멀리 떨어진 해역을 회유하는 종으로 알려져 있다. 난류의 영향을 많이 받는 곳에 많으며, 어린 새끼들은 떠다니는 해조류를 따라다니며 자란다. 김과 파래 등 해조류, 갯지렁이 새우 등을 먹는다. 산란은 2~6월 사이에 이루어진다.

분포: 우리나라 남해와 제주도 연안, 일본 중부 이남의 난류구역에 분포한다.

기타 특성: 벵에돔보다 힘이 좋아 최근 낚시 대상어로 인기가 높아지고 있다.

벵에돔

황줄갬정이과 | 농어목

학명: *Girella punctata*   지방명: 갬정이, 갬정고기, 구로, 구릿, 구로다이, 흑돔
외국명: Largescale blackfish, Girella, Opaleye (영); メジナ(mejina) (일)

▶▶ 벵에돔은 눈동자가 푸른색으로
오팔처럼 아름답다.

형태: 몸은 청흑색, 검은색을 띠며 배는 조금 연하
다. 어릴 때에는 청록빛이 강하다. 몸 색은 서식 장
소나 감정 상태에 따라 쉽게 변한다. 비늘마다 검은 점이 하나씩 있다. 입은 작고 양턱
에는 끝이 세 갈래로 갈라진 작은 이빨이 빽빽하게 나 있어 김, 파래와 같은 해조류를
갉아먹기에 알맞다. 몸길이는 50~60cm로 자란다.

생태: 수온이 18~25℃인 따뜻한 바다를 좋아하며 연안의 암초 지대에서 서식한다. 어
린 시기에는 조수 웅덩이나 얕은 암초 지대에 떼 지어 다니며 성장한다. 플랑크톤, 새
우, 갯지렁이 등을 먹으며 겨울에는 해조류도 먹는다. 겨울철에 알을 낳는다.

분포: 난류의 영향을 받는 우리나라 제주도, 남해안, 울릉도와 독도, 일본 홋카이도 이
남에서 타이완, 동중국해까지 서식한다.

기타 특성: 신비한 눈동자로 '푸른 눈동자의 흑기사'란 별명이 붙었다. 계절에 따라 맛
이 다르고 살에 독특한 향이 있어 횟감으로 인기가 있다. 낚시 대상어로도 인기가 높다.

학명: *Labracoglossa argentiventris*
외국명: Yellow-striped butterfish (영); タカベ(takabe) (일)

형태: 몸은 긴 방추형으로 약간 납작하고 통통하다. 등은 녹청색, 배는 옅은 회색을 띠며 녹황색 세로띠가 눈에서 꼬리자루까지 발달해 있다. 몸길이는 20cm 내외이다.

생태: 온대 지방의 암초가 잘 발달된 해역 중층에서 떼를 지어 살며, 평소에는 빠른 속도로 헤엄치다가 먹이를 먹기 위해서 잠깐씩 정지하곤 한다. 주로 동물플랑크톤, 무척추동물 등을 먹는다.

분포: 우리나라 남해와 제주도 연안, 일본 중부, 남부 연안, 북서 태평양에 분포한다.

기타 특성: 스쿠버다이버들은 노란색 띠를 가진 아름다운 황조어가 떼를 지어 빠른 속도로 헤엄치는 모습을 제주도 연안에서 종종 볼 수 있다고 한다. 식용하지만 자원량이 적어서 어시장에서 만나기는 어렵다.

범돔 황줄깜정이과 | 농어목

학명: *Microcanthus strigatus*

외국명: Footballer, Stripey (영); カゴカキダイ(kagokakidai) (일)

▶▶ 떼를 지어 몰려다니는 범돔 무리를
연안에서 볼 수 있다.

형태: 노란색 바탕에 비스듬한 검은색 세로띠가 5줄 나
있는 아름다운 어종으로, 줄무늬 방향은 정반대이지만
얼핏 보면 돌돔 새끼와 매우 닮았다. 몸은 납작하고 머리가 작으며 눈이 크다.
작고 뾰족한 주둥이는 머리 아래쪽에 있으며 양턱에는 작은 이빨이 빽빽하게 줄지어 발
달해 있다. 몸길이는 20~30cm까지 자란다.

생태: 따뜻한 물을 좋아하며 얕은 모래, 자갈, 암초 지대에서 주로 서식한다. 어릴 때
는 얕은 연안에 떼를 지어 몰려다닌다. 어린 시기에는 동물플랑크톤, 작은 갑각류, 해
조류를 먹고, 자라면서 플랑크톤 외에 갯지렁이, 새우, 조갯살과 같은 작은 동물을 먹
으며, 탐식성이 매우 강하다.

분포: 우리나라 전 연안(특히 쓰시마 난류의 영향을 강하게 받는 남해, 제주도, 동해 연안), 일
본 중부 이남, 동중국해에서 호주, 하와이 연안까지 널리 분포한다.

기타 특성: 무늬가 호랑이와 비슷해 '범돔'이라 부르지만 이름과는 달리 작고 예쁜 물고
기로 수족관에서 인기가 높다. 살이 단단하고 담백해 맛이 있다.

농어목 | 황줄깜정이과 # 황줄깜정이

학명: *Kyphosus vaigiensis*

외국명: Brassy chub (영); イ ス ス ミ (isusumi) (일)

▶▶ 뺨에는 독특한 문양을 만드는
황갈색 선들이 발달해 있다.

형태: 타원형의 몸은 전체적으로 청회색을 띠며 몸의 옆면에 황갈색 선들이 발달해 있다. 주둥이와 머리에는 노란색 띠가 있다. 늙으면 전체적으로 검은색이 짙어져 이 종의 독특한 특징인 황갈색 선은 사라진다. 몸길이는 70cm에 이른다.

생태: 어린 시기에는 수면에 떠다니는 모자반 아래에서 무리를 지어 살다가 성장하면서 암초가 잘 발달한 연안으로 내려간다. 여름에는 동물성 먹이를 먹다가 겨울이 되면 갈조류와 같은 해조류를 먹기도 한다.

분포: 우리나라 남해와 제주도, 일본 중부 이남에서 서부 태평양, 인도양까지 널리 분포한다.

기타 특성: 남해안이나 제주도 연안의 난류구역에서 만날 수 있지만 맛이 없어 식용 어류로는 인기가 없다. 겨울철에는 독특한 냄새가 약해져 그 맛을 즐기는 이들도 있다.

159

돌돔 돌돔과 | 농어목

학명: *Oplegnathus fasciatus*　지방명: 아홉동가리, 뺀찌, 줄돔, 갯돔
외국명: Barred knifejaw, Rock bream (영); イシダイ(ishidai) (일)

▶▶ 노란빛을 띠는 바탕에 검은 줄무늬가 뚜렷한 어린 돌돔과는
　　 달리 늙은 돌돔은 입 주위가 검은색을 띤다.

160

형태: 등이 높고 좌우로 납작한 몸에는 노란색 바탕에 검은색 띠무늬가 7줄 있는데 어릴 때에는 무늬가 뚜렷하지만 나이가 들수록 희미해져 결국 주둥이 부분만 검은색으로 남고 몸의 나머지 부분은 푸른빛이 도는 회색으로 바뀐다. 늙으면 주둥이만 희게 변하는 강담돔과는 반대이다. 입은 작은 편이며 아래위 턱의 이빨은 좌우가 붙어 있는데 이빨 사이에 석회질이 차 있어 단단하고 끝이 뾰족한 새 부리 모양으로 턱뼈와 붙어 있다. 몸길이는 30~50cm급이 흔하며 70cm 내외까지 자란다.

생태: 암초가 발달한 연안에서 서식하며 따뜻한 바다를 좋아한다. 늦봄부터 초여름에 걸쳐(남해안은 6~7월) 산란을 한다. 몸길이 1cm 정도의 새끼는 바다 표면에 떠다니는 해조류(주로 모자반류)나 잘피, 밧줄, 폐그물 밑에 모여 플랑크톤과 같은 생활을 하지만, 성장함에 따라 바위가 많은 바닥으로 내려간다. 먼 거리 회유는 알려져 있지 않으나 어릴 때에는 떼를 지어 상당한 거리를 이동하는 것으로 추측된다. 새 부리 모양의 단단한 이빨로 소라, 고둥, 성게 등을 부숴 먹는다. 주로 낮 시간에 먹이활동을 하고 밤에는 암초 사이에서 휴식을 취하는 편이다.

분포: 우리나라 연안, 일본, 타이완 등 북동 태평양 해역, 하와이 등지에 분포한다.

기타 특성: '갯바위의 제왕', '바다의 황제', '환상의 고기'라는 별명이 있을 정도로 바다 낚시 대상어로 인기가 높다. 살이 단단하고 고소하여 고급 횟감으로 꼽히며 양식 대상 어종으로도 인기가 높다.

강담돔 돌돔과 | 농어목

학명: *Oplegnathus punctatus* 지방명: 깨돔
외국명: Spotted knifejaw, Rock porgy (영); イシガキダイ(ishigakidai) (일)

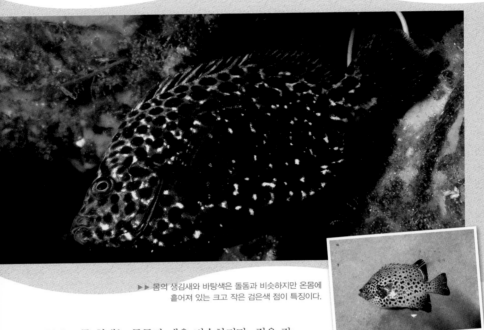

▶▶ 몸의 생김새와 바탕색은 돌돔과 비슷하지만 온몸에
흩어져 있는 크고 작은 검은색 점이 특징이다.

형태: 몸 형태는 돌돔과 매우 비슷하지만, 짙은 갈
색 바탕에 크고 작은 검은색 점무늬가 온몸에 밀집해
있는 것이 특징이다. 성장함에 따라 이 점들은 없어져 몸길이 60cm 내
외의 늙은 개체는 주둥이 부분만 흰색을 띠고 온몸이 검게 바뀐다. 몸길이는 80cm 내외
로 자란다.

생태: 연안의 얕은 수심대에 발달한 암초 지대에서 살며 따뜻한 바다를 좋아하는 남방
어종이다. 2~3cm 크기의 새끼는 떠다니는 해조 아래에 붙어 플랑크톤 생활을 한다. 돌
돔과 마찬가지로 좌우가 붙은 강한 앞니로 고둥, 성게, 갯지렁이 등을 부숴 먹는다.

분포: 우리나라 남해와 제주도 연안, 일본 중부 이남, 남중국해, 하와이 등지에 분포
한다.

기타 특성: 돌돔보다는 남방종이라서 자원량이 적은 편이나 최고급 횟감으로 인기가
높다.

농어목 | 가시돔과 # 무늬가시돔

학명: *Cirrhitichthys aprinus*

외국명: Spotted hawkfish (영); ミナミゴンベ(minamigonbe) (일)

형태: 몸은 좌우로 납작하고 달걀형이다. 흰색 바탕에 주황색, 적갈색 구름무늬가 온몸에 흩어져 있다. 등지느러미에는 짧고 강한 가시와 연한 줄기가 10개 있는데 가시 끝이 마치 산호 폴립 같은 모양이라 산호 속에 앉아 있으면 구별하기 어려울 정도이다. 몸길이는 최대 12cm이다.

생태: 연안의 얕은 수심대에 발달한 산호나 해조가 무성한 암초 지대에서 은신하며 살아가는 열대 어종이다. 단독생활을 하지만 몇몇 개체가 무리를 이루기도 한다. 가끔 항구나 만 안쪽에서도 발견된다. 암컷이 알을 낳으면 수컷이 체외수정을 하는데 수정란은 표층으로 흩어진다. 작은 새우나 게, 플랑크톤을 먹는다.

분포: 우리나라에서는 제주도 남부 연안에서 발견된 바 있다. 일본 남부, 서부 태평양, 서부 인도양에 널리 서식한다.

기타 특성: 모양이 예쁘고 산호 사이를 넘나드는 행동도 귀여워 수족관에서 인기가 높다.

황볼돔 가시돔과 | 농어목

학명: *Cirrhitichthys aureus* 지방명: 노랑가시돔
외국명: Yellow hawkfish (영); オキゴンベ(okigonbe) (일)

▶▶ 등지느러미 가시 끝이 마치 산호의 폴립처럼
생겨 산호 속에 숨어 있으면 구별하기 힘들다.

형태: 달걀형의 몸은 좌우로 납작하고 전체적으로 밝은
노란색을 띠며 구름 모양의 옅은 갈색 무늬가 흩어져 있
다. 몸 옆면의 무늬는 개체에 따라 차이가 있다. 등지느러미 가시 끝에는 산호 폴립 모
양의 피질돌기가 발달해 산호에서 숨어 지내기에 적합하다. 몸길이는 10~15cm이다.

생태: 산호초가 발달한 수심 5~20m의 얕은 암반 바다에서 산다. 동물플랑크톤, 새우,
게 같은 갑각류, 작은 물고기 등을 잡아먹는다. 주로 단독생활을 하며, 암수한몸이다.
수정란은 표층으로 흩어진다.

분포: 우리나라에서는 난류의 영향을 강하게 받는 남해 앞바다와 제주도 연안에 분포
하며, 일본 남부, 타이완, 인도양, 태평양, 인도네시아 등지에도 널리 서식한다.

기타 특성: 오래전부터 제주도 스쿠버다이버들은 '노랑가시돔'이라 불렀으나, 학회에는
'황볼돔'으로 기재되었다.

농어목 | 다동가리과

여덟동가리

학명: *Goniistius quadricornis*

외국명: Blackbarred morwong (영); ユウダチタカノハ(yūdachitakanoha) (일)

형태: 등이 높고 긴 타원형이며 꼬리는 가늘고 좌우로 납작하다. 회색 바탕 몸에 흑갈색 가로띠 8줄이 비스듬히 그어져 있는 것이 특징이다. 입은 작고 주둥이가 두툼하다. 가슴지느러미 아래쪽으로 줄기 6개가 길게 뻗어 있으며 회백색을 띤다. 꼬리지느러미에 흰 점이 없고 몸의 줄무늬 수가 8줄이라 아홉동가리와 구분된다. 몸길이는 40cm 내외이다.

생태: 암초가 잘 발달한 맑은 바다에 사는 온대성 어종이지만 모래나 펄 바닥에서도 자주 관찰된다. 비교적 깊은 수심대에서 서식하는 것으로 알려졌지만 자세한 생태 자료는 없다. 어린 새끼가 겨울에 나타나는 것으로 미루어 가을에 산란하는 것으로 추측한다. 동물플랑크톤, 무척추동물 등을 주로 먹으며 해조류도 먹는다.

분포: 우리나라 남해와 제주도 연안, 황해, 동중국해, 타이완, 남중국해, 북서 태평양에 널리 서식한다.

기타 특성: 참돔, 황돔에 비해 맛이 떨어지지만 제주도 어시장에서 자주 만날 수 있는 수산 어종이다. 낚시로도 가끔 잡힌다.

아홉동가리 다동가리과 | 농어목

학명: *Goniistius zonatus*   지방명: 논쟁이, 꽃돔
외국명: Whitespot-tail morwong (영); タカノハダイ(takanohadai) (일)

▶▶ 꼬리지느러미에 흰 점이 흩어져 나 있는 것으로
유사종인 여덟동가리와 구분한다.

형태: 체형이나 줄무늬의 발달 등은 여덟동가리와 닮았다(이들이 속한 다동가리과에는 5속 16종이 알려져 있는데 그중 우리나라에는 여덟동가리와 아홉동가리 두 종만 기재되어 있다). 등이 높아 머리 쪽으로는 급경사를 이루고 꼬리 쪽으로는 경사가 완만하여 전체적으로 삼각형인 도미형 체형이다. 몸 표면에는 매우 강한 비늘이 있다. 입은 작고 턱에는 송곳니가 빽빽하게 나 있어 한번 문 먹이는 빠져나가기 어렵다. 가슴지느러미 아래쪽의 가시 길이가 위쪽의 가시 길이보다 길다. 몸의 옆면에 수직에 가까운 흑갈색 띠가 9개 있고, 황갈색인 꼬리지느러미에 흰색 반점이 흩어져 있는 것이 특징이다. 몸길이는 30~40cm급이 흔하다.

생태: 연안의 암초 지대에서 서식한다. 두터운 입술에는 먹이의 맛을 보는 촉각과 미각 세포들이 분포되어 있어 먹이를 먹기 전 입술로 물고 맛을 음미하는 습성이 있다. 무리를 짓지 않고 대부분 단독생활을 한다. 천천히 헤엄치며 가끔 좌우 가슴지느러미를 이용하여 바위 위에 몸을 버티고 앉아 있거나 감태 뿌리 근처에 머문다. 산란기는 10~12월 사이이며 해가 진 뒤에 산란하는 것으로 알려져 있다. 수정란은 수정 후 약 2일 만에 부화한다. 조개류, 갯지렁이류 등을 주식으로 먹으며, 해조류의 어린 싹을 뜯어먹기도 하는 잡식성 어종이다.

분포: 우리나라 남해와 제주도 연안, 일본 중부 이남, 인도양, 태평양 남반구 부근, 하와이 부근 등 온대와 열대 해역에 널리 분포한다.

기타 특성: 제주도 어시장에서 자주 만날 수 있지만, 몸에서 독특한 냄새가 나서 인기는 그다지 많지 않다. 겨울철에는 그런대로 먹을 만한 수산 어종이다.

망상어 망상어과 | 농어목

학명: *Ditrema temminckii temminckii* **지방명**: 망시, 망사, 맹이, 망치어, 떡망사
외국명: Surfperch, Sea chub (영); ウミタナゴ(umitanago) (일)

▶▶ 얼굴 아래쪽 검은색 점 두 개가 선명하다.

형태: 타원형의 몸은 납작하며 청백색, 적갈색, 회백색 등 서식 장소나 성장 정도에 따라 몸 색이 다양하다. 비늘은 작고 연하며 뺨 밑에 검은 점이 2개 있다. 몸길이는 15~25cm급이 흔하며 35cm까지 자란다.

생태: 해조가 무성한 얕은 연안의 암초 지대에서 산다. 10~12월에 암컷과 수컷이 짝짓기를 하여 체내수정을 한다. 어미 배 속에서 부화된 새끼는 5~6개월 동안 어미에게 영양분을 공급받아 5~6cm 정도까지 자란 뒤 5~6월에 새끼의 형태로 몸 밖으로 나오는 태생어다. 밑바닥이나 해조류에 붙어사는 플랑크톤, 갯지렁이류, 새우, 곤쟁이류, 패류 등 소형 동물을 주로 먹으며 때로는 해조류도 먹는다.

분포: 우리나라 전 연안, 일본, 북서 태평양에서 서식하는 온대성 어종이다.

기타 특성: 동해와 남해의 갯바위나 방파제에서 가장 쉽게 볼 수 있는 물고기이며 '바다의 붕어'라고 불릴 정도로 겨울철 낚시 대상어로 인기가 있다. 정약전이 지은 『자산어보』에는 "살이 희고 연하며 맛이 달다"라고 기록되어 있다.

해포리고기 자리돔과 | **농어목**

학명: *Abudefduf vaigiensis*
외국명: Indo-Pacific sergeant, Five-banded damselfish (영); オヤビッチャ(oyabitcha) (일)

형태: 몸의 형태는 자리돔과 비슷하며, 타원형의 몸에는 회갈색 바탕에 선명한 가로띠가 5개 있어 얼핏 보면 돌돔의 어린 새끼로 착각하기도 한다. 몸 옆면의 등 쪽 바탕은 옅은 노란색을 띤다. 몸길이는 5~8cm가 흔하지만 열대 해역에서는 20cm인 큰 개체도 흔히 볼 수 있다.

생태: 어미는 외해에 면한 앞바다의 직벽 지대나 얕은 내만의 암초 지대에서 주로 서식하는 데 비해 새끼 때는 수면에 떠다니는 모자반 같은 해조 아래를 따라다니면서 자라는 열대 어종이다. 작은 동물플랑크톤, 부드러운 해조, 작은 무척추동물 등을 먹는다. 산란기에는 사리 때 암컷과 수컷이 큰 무리를 지어 알을 낳는다. 수정란은 바위에 붙이고 수컷이 보호한다.

분포: 우리나라 남해, 제주도 연안, 일본 남부에서 호주까지 이르는 해역에 분포한다.

기타 특성: 열대 해역에서 보고되었던 몇몇 유사종들이 동일한 종으로 정리되었다. 우리나라에는 자원량이 많지 않다. 생김새가 화려하여 수족관의 관상어로 인기 있다.

농어목 | 자리돔과 흰동가리

학명: *Amphiprion clakii* 지방명: 말미잘고기

외국명: Yellowtail crownfish, Twoband anemonefish (영); クマノミ (kumanomi) (일)

▶▶ 어린 흰동가리가 말미잘 촉수 사이를 헤엄치고 있다. 원 안은 흰동가리의 수정란 이다.

형태: 몸통은 둥근 타원형이며 눈 뒤와 항문 부근에 흰 띠가 두 줄 있다. 꼬리지느러미는 흰색 또는 몸보다 옅은 노란색을 띤다. 몸 색은 서식 해역이나 개체에 따라 매우 다양하다. 몸길이는 10~15cm이다.

생태: 말미잘과 공생하는 열대 어종이다. 열대 해역에서는 산호초 해역의 외곽 직벽, 석호(lagoon) 안에서 서식한다. 쓰시마 난류의 영향을 받는 서귀포 연안 10~25m 수심대에서 말미잘과 공생하는 모습이 확인되었으며, 여름철에 암수가 짝을 지어 해질녘이나 초저녁에 말미잘 아래 암반에 알을 낳아 붙인다. 수정란이 발생하는 동안 어미가 주변에서 보호한다. 1cm 내외의 어린 새끼도 어미가 서식하는 말미잘에서 함께 볼 수 있다. 동물플랑크톤을 비롯하여 작은 동물과 식물을 먹는 잡식성 어종이다.

분포: 우리나라 제주도 남부 연안, 일본 남부, 타이완, 인도양, 태평양, 페르시아 만에서 호주 서부 연안, 미크로네시아까지 널리 서식한다.

기타 특성: 알을 낳고 정착하는 쌍들이 확인되기도 했으나 제주도 연안에는 자원량이 많지 않다. 스쿠버다이버들에게 수중 생태 관찰, 수중 사진 대상종으로 인기가 높다.

171

노랑자리돔 자리돔과 | 농어목

학명: *Chromis analis* **지방명:** 노랑자리

외국명: Yellow chromis, Yellow belly reeffish (영); コガネスズメダイ(koganesuzumedai) (일)

▶▶ 어린 노랑자리돔은 몸 색이 황갈색을 띠는
어미와는 달리 밝고 선명한 노란색을 띤다.

형태: 등이 높고 좌우로 납작하며, 몸 색은 이름처럼
노란색을 띠는 자리돔류이다. 어릴 때는 밝은 노란색
을 띠다가 자라면서 등 쪽이 황갈색으로 짙어진다. 눈동자
와 홍채는 모두 검은색이다. 몸길이는 10cm 내외가 흔하다.

생태: 난류의 영향을 받는 따뜻한 바다의 암초나 산호초가 발달한 곳에 무리를 지어
서식한다. 작은 플랑크톤을 먹으며, 산란 생태는 자리돔과 비슷하다.

분포: 우리나라 제주도 연안, 일본 남부에서 팔라우, 호주 북부 연안까지 아열대와 열
대 해역에 널리 분포한다.

기타 특성: 우리나라 연안의 환경 변화를 모니터링 하는 지표종으로 가치가 있으며, 화
려한 몸 색으로 수족관에서도 인기가 높다.

연무자리돔

학명: *Chromis fumea*   지방명: 자리돔, 자리(제주)
외국명: Smokey chromis (영); マツバスズメダイ(matsubasuzumedai) (일)

형태: 1990년대까지만 해도 자리돔과 같은 종으로 취급했을 만큼 생김새가 자리돔과 비슷하다. 살아 있을 때는 꼬리지느러미의 아래위쪽에 짙은 자줏빛 굵은 띠가 선명하며, 지느러미의 가장자리가 푸른빛을 띠는 것이 특징이다. 몸길이는 10cm 내외이다.

생태: 조류 소통이 원활하고 산호나 해조가 무성한 연안에 떼를 지어 사는 열대 어종이다. 제주도 연안에서는 자리돔과 섞여 서식한다. 여름철 산란기가 되면 자리돔과 마찬가지로 암초 바닥으로 내려가 자리를 잡고 암수가 만나 점착성 알을 낳아 바위 표면에 붙인다. 수컷은 알이 발생하는 동안 주변에 머물면서 수류를 일으켜 산소를 공급하는 등 수정란을 보호한다. 작은 동물플랑크톤, 어린 무척추동물 등을 먹는다.

분포: 우리나라는 제주도에서만 확인되며, 일본 남부, 필리핀, 인도네시아 등 서부 태평양, 호주 북부 연안에서 서식한다.

기타 특성: 제주도 연안에서는 자리돔과 섞여 있어 자리 들망으로 잡히며, 자리돔과 함께 젓갈 재료로 사용된다.

자리돔 자리돔과 | 농어목

학명: *Chromis notatus* 지방명: 자리
외국명: Pearl-spot chromis, Whitesaddled reeffish (영); スズメダイ(suzumedai) (일)

▶▶ 떼를 지어 다니는 자리돔의 비늘이
마치 밤하늘의 별처럼 반짝인다.

형태: 납작하고 둥근 몸은 흑갈색을 띠며 비늘이 크다. 가슴지느러미 앞에 검푸른색 반점이 있으며 물속에서는 등지느러미 뒷부분에 흰 점이 보인다. 옆줄은 불완전하여 몸통 뒷부분에서 끊어진다. 몸길이는 15~17cm까지 자라지만 대개 10cm 내외가 흔하다.

생태: 따뜻하고 돌이 많은 곳을 좋아하며 특히 산호가 많은 곳에 떼를 지어 사는 작은 물고기이다. 열대 지방에 사는 여러 자리돔류와는 달리 온대 지방에 적응한 종이다. 동물플랑크톤, 작은 새우류 등을 주로 먹는다. 6~8월에 알을 낳는데 산란기가 되면 자갈이나 바위가 있는 바닥으로 내려간다. 알 낳기에 적당한 장소를 골라 암수가 짝을 지어 알을 낳고 수정한다. 부화할 때까지 알 곁을 떠나지 않고 보호한다.

분포: 우리나라에서는 난류의 영향을 받는 남해의 외곽 도서 연안, 제주도, 동해의 울릉도와 독도, 왕돌초 연안 암초 지대에서 산다. 일본 중부 이남, 타이완, 중국 연안에 분포하는 아열대 어종이다.

기타 특성: 떼를 지어 플랑크톤을 잡아먹느라 작은 입을 쫑긋거리는 모습이 귀여운 물고기이다. 방어와 부시리를 낚시할 때 쓰는 미끼, 회나 구이용으로 사용하기 위해 주로 들망으로 잡는다. 제주도의 전통 자리잡이 어선이 남해안까지 진출하기도 한다. 몸집이 작고 뼈가 강한 어종이지만 갈색을 띤 살이 고소하여 회로 즐긴다. '자리물회', '자리젓갈', '자리 소금구이'는 제주 특산 요리로 유명하다.

샛별돔 <small>자리돔과 | 농어목</small>

학명: *Dascyllus trimaculatus*

외국명: Threespot dascyllus, Domino, Threespot humbug (영);

ミツボシクロスズメダイ (mitsuboshikurosuzumedai) (일)

▶▶ 어린 샛별돔들이 무리를 이루어 말미잘
속수 사이를 유유히 헤엄쳐 다닌다.

형태: 어릴 때 새까만 몸에 머리 위와 등에 선명한 흰 반점이 두 개 있어 샛별돔이란 이름이 붙여졌다. 자라면서 몸 색이 약간 옅은 흑청색을 띠며 흰 점은 희미해진다. 비늘 가장자리에 검은 테가 있고 가슴지느러미는 투명하지만 나머지 지느러미는 검다. 제주 연안에서는 주로 3~5cm의 어린 개체들만 보이지만, 필리핀, 타이완 등지의 열대 해역에서는 몸길이가 10cm 정도의 어미들을 흔히 볼 수 있다.

생태: 연안의 암초, 산호초 지대에 살며 어릴 때는 흰동가리와 마찬가지로 말미잘과 공생하는데 간혹 성게, 산호 폴립 사이에서 지내기도 한다. 다 자라면 말미잘을 떠나 무리를 지어 중층에 떠서 살아간다. 해조, 요각류와 같은 동물플랑크톤, 작은 무척추동물 등을 먹는다.

분포: 우리나라에서는 제주도 남부 해역에서 몇 마리씩 발견되는 열대 어종이며, 주로 북위 30도에서 남위 30도에 이르는 폭넓은 열대 · 아열대 해역에 분포한다.

기타 특성: 서귀포 연안에서 흰동가리와 함께 말미잘과 공생하는 모습을 종종 볼 수 있으나 어린 개체들만 관찰되는 것으로 보아 아직 우리나라 연안에 정착하지 않은 것으로 보인다. 예쁜 외모로 스쿠버다이버에게는 물론 수족관에서도 인기가 높다.

파랑돔 자리돔과 | 농어목

학명: *Pomacentrus coelestis* 지방명: 코발트돔
외국명: Heavenly damselfish, Neon damselfish (영); ソラスズメダイ(sorasuzumedai) (일)

▶▶ 산란기가 되면 짙은 푸른색과
노란색의 혼인색을 띤다.

형태: 긴 타원형의 몸은 코발트빛이며 배 쪽은 노란색
을 띠는 아름다운 종이다. 등지느러미, 뒷지느러미의 뒷
부분과 꼬리지느러미는 밝은 노란색이다. 몸길이는 7~8cm로 소형 어종이다.

생태: 수심 20m 내외 연안의 암초와 산호초 주위에서 수십 마리씩 무리 지어 서식한
다. 서식 조건이 좋은 암초 지대에서는 큰 무리를 짓기도 한다. 산란 습성은 자리돔과
비슷하여 바닥의 암초에 알을 붙이고 어미가 보호한다. 옅은 하늘색과 노란색의 아름다
운 몸은 산란기가 되면 짙은 푸른색과 짙은 노란색의 혼인색을 띤다. 먹이로 해조류와
동물플랑크톤을 먹는다.

분포: 우리나라에서는 제주도, 울릉도와 독도 등 쓰시마 난류의 영향을 받는 해역, 일
본 남부 해역, 인도양, 태평양의 열대 해역 등에 널리 서식한다.

기타 특성: 수족관에서 인기 높은 관상 어종이다.

학명: *Pomacentrus nagasakiensis*

외국명: Nagasaki damselfish, Bartail damselfish (영); ナガサキスズメダイ (nagasakisuzumedai) (일)

▶▶ 어린 나가사끼자리돔은 등지느러미 뒤쪽에
짙은 청색 점이 있다.

형태: 몸은 군청색을 띠며, 어릴 때에는 등지느러
미 끝부분에 눈 크기만 한 흰 테를 가진 청흑색 둥근
점이 있다. 이 점은 성장하면서 없어진다. 몸길이는 8~10cm의 소
형 어종이다.

생태: 해조류와 산호가 무성한 연안의 암초나 모래, 자갈 바닥에서 서식한다. 수심
20m 내외로 약간 깊은 수심대의 바다맨드라미 숲 부근에서도 발견된다. 바닥에 알을
낳으며 수컷이 알을 돌보는 습성이 있다. 동물플랑크톤을 주로 먹는다.

분포: 우리나라 제주도 남부, 일본 남부에서 서태평양, 호주 북서부 연안, 인도양, 태
평양, 몰디브, 스리랑카까지 널리 서식한다.

기타 특성: 제주도 문섬 북쪽 연안에서 늘 관찰되는 열대 어종이다.

흰꼬리자리돔 자리돔과 | 농어목

학명: *Chromis margaritifer*
외국명: Bicolor chromis, Whitetail chromis (영); シコクスズメダイ(Shikokusuzumedai) (일)

형태: 몸 형태는 노랑자리돔 새끼와 닮았으며, 몸 색은 몸통까지는 흑청색, 꼬리 부분은 흰색으로 매우 아름답다. 꼬리지느러미의 아래위 끝 줄기는 긴 편이다. 등지느러미와 뒷지느러미 뒷부분은 희고 투명하다. 몸길이는 5~6cm 내외이다.

생태: 조류의 소통이 좋고 암반이 잘 발달한 연안에 출현한다. 회유하지 않는 종으로 알려져 있다. 새우, 게의 유생, 갓 부화한 물고기 등을 주로 먹지만 바닥의 해조류도 먹는 잡식성 어종이다. 자리돔과 마찬가지로 산란기가 되면 암컷과 수컷이 짝을 지어 알을 낳은 뒤 부화할 때까지 보호하는 습성이 있다.

분포: 우리나라 제주도, 일본 남부에서 서부 태평양, 호주 북부의 열대 바다까지 널리 분포한다.

기타 특성: 2008년 독도에서 발견되었으며 제주도 서귀포 연안에도 몇 번 출현한 적이 있다. 2011년 서귀포 연안의 섬에서 채집되어 학계에 우리나라 미기록 어종으로 보고되었다.

농어목 | 놀래기과 # 사당놀래기 ≡

학명: *Bodianus oxycephalus*

외국명: Tarry hogfish, Crescent-banded wrasse (영), キツネダイ (kitsunedai) (일)

▶▶ 어린 사당놀래기

형태: 몸은 긴 타원형이고 옅은 주홍색 바탕에 가느다란 가로선 무늬가 있다. 어릴 때는 어미와 달리 꼬리 후반부 전체가 검은색을 띠며 꼬리는 흰색이다. 크기는 최대 50cm가 넘지만 우리나라 연안에서는 대부분 어린 개체들만 보이고 어미는 드물다.

생태: 연안에서 수심이 100m 내외의 깊은 곳까지 서식하는 대형 놀래기류이다. 해면, 산호, 무척추동물이 많이 서식하는 열대 바다 암초 직벽 지대에서 서식하며, 주로 단독 생활을 한다. 바닥에 사는 연체동물, 갑각류, 패류 등을 먹는다. 어릴 때 암컷이었다가 자라면서 수컷으로 성이 전환된다. 수정란은 표층에 흩어져 떠다니는 부성란이다.

분포: 우리나라 제주도 남부 연안, 인도양, 서태평양, 하와이, 남부 폴리네시아, 사모아 등지에 널리 분포한다.

기타 특성: 주요 산지에서는 낚시 대상어, 수산 어종이지만 우리나라에서는 희귀하다.

얼룩사당놀래기 놀래기과 | 농어목

학명: *Bodianus diana*

외국명: Diana's hogfish (영); モンツキベラ(montsukibera) (일)

▲▲ 어린 얼룩사당놀래기

형태: 몸은 긴 타원형이고 주둥이가 앞쪽으로 돌출되었으며 꼬리자루에 굵은 점이 있는 것 등은 사당놀래기와 비슷하다. 어미는 등지느러미에 흑색 점이 없고 등 가장자리에 흰색 반점 3개가 일정한 간격으로 있으며, 꼬리 등 쪽에 검은 반점이 흩어져 있고 꼬리자루에 작은 검은색 점이 있는 것이 특징이다. 어릴 때는 어미와 달리 긴 타원형의 몸이 갈색을 띠며 몸 전체에 크고 작은 흰색 반점과 지느러미 위에 검은색 점들이 발달하여 얼핏 보면 머리와 눈의 위치가 헷갈릴 정도이다. 몸길이는 최대 25cm이다.

생태: 연안의 수심 100m에서 서식하며, 열대 지방에서는 산호초 해역에서 발견되는 열대 어종이다. 연체동물, 갑각류 등 주로 작은 무척추동물을 먹는데 어릴 때는 다른 물고기의 몸 표면에 붙은 기생충을 뜯어먹기도 한다. 산란기가 되면 암수가 짝을 이루어 알을 낳는다.

분포: 우리나라 제주도, 일본 남부에서 호주 북부까지 널리 분포한다.

기타 특성: 제주도 남부 연안에서 어린 새끼만 확인되었다.

농어목 | 놀래기과 # 호박돔

학명: *Choerodon azurio*
외국명: Scarbreast tuskfish (영); イラ(ira) (일)

▶▶ 머리와 이마는 경사가 급하고 양턱이
만나는 곳에 강한 송곳니가 나 있다.

형태: 이마와 등이 높은 타원형의 몸은 납작하며, 황적색 바탕에 검은색과 흰색의 가로띠가 몸 가운데에서 가슴지느러미 앞쪽으로 비스듬히 그어져 있다. 양턱에는 송곳니가 발달하며 아래위턱이 만나는 곳에도 커다란 송곳니가 한 개 있다. 몸길이는 40cm까지 자란다.

생태: 산호초와 암초가 잘 발달하고 수심 8~50m로 얕은 연안에서 서식하는 아열대 어종이다. 밤에는 은신처에서 휴식을 취하고 낮에 갯지렁이, 패류, 새우 등을 잡아먹는다. 산란기가 되면 암수가 짝을 지어 알을 낳는다.

분포: 우리나라에서는 난류의 영향을 받는 제주도 연안, 일본 남부, 타이완, 중국해, 인도네시아 연안을 포함하는 서태평양 열대 해역까지 서식한다.

기타 특성: 수중에서는 노란색, 분홍색, 보라색, 검은색 등의 화려한 몸 색과 무늬로 열대 해역의 어종처럼 아름답다. 제주도 어시장에서 흔히 볼 수 있는 수산 어종이며, 홍콩에서는 활어로도 유통된다.

용치놀래기 놀래기과 | 농어목

학명: *Halichoeres poecilopterus* 지방명: 술뱅이, 술미, 놀래기
외국명: Multicolorfin rainbowfish (영); キュウセン(kyūsen) (일)

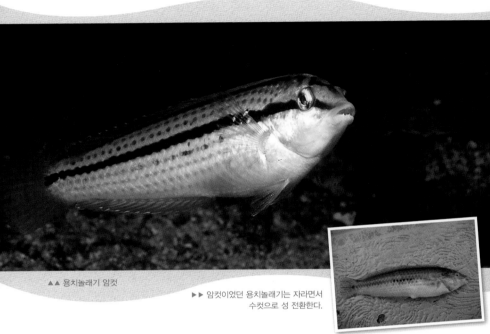

▲▲ 용치놀래기 암컷

▶▶ 암컷이었던 용치놀래기는 자라면서
수컷으로 성 전환한다.

형태:　몸은 약간 납작한 긴 원통형이며 주둥이
가 뾰족하다. 수컷은 전체적으로 초록색이 강하며 머리에는 3~4개의 적갈색 띠가 있
고 가슴지느러미 뒤쪽에 커다란 검은색 반점이 있는 데 비해 암컷은 황적색 몸에 주둥
이 끝에서 꼬리자루까지 검은색 줄무늬와 등과 배 쪽의 줄무늬가 특징이다. 몸길이는
20~25cm가 흔하지만 큰놈은 30cm 이상으로 자란다.

생태:　겨울에는 모래 속에서 지내다가 수온이 올라가면 밖으로 나와 활동한다. 밤에
는 모래 속에서 휴식을 취한다. 힘센 수컷 한 마리와 여러 마리의 암컷이 모여 사는데
수컷이 없어지면 암컷 중 한 마리가 수컷으로 성 전환을 하여 무리를 이끈다. 산란기는
여름철이다. 동물성 먹이를 주로 먹는다.

분포:　우리나라 동해와 남해, 일본, 타이완, 필리핀, 홍콩 연안까지 서식한다.

기타 특성:　껍질이 미끄러워 손질이 어렵지만 흰살은 담백하고 맛이 좋다.

농어목 | 놀래기과 # 청줄청소놀래기

학명: *Labroides dimidiatus* 지방명: 청소놀래기
외국명: Cleaner wrasse (영); ホンソメワケベラ(honsomewakebera) (일)

▶▶ 청줄청소놀래기가 저보다 큰 황놀래기 몸에
붙어 청소를 해주고 있다.

형태: 몸은 긴 원통형이며, 주둥이 끝에서 꼬리지느러미까지 검은 띠가 있는데 꼬리 쪽
으로 갈수록 넓어진다. 등은 어릴 때는 짙은 청색을 띠다가 자라면서 옅어지거나 노란
색을 띤다. 몸길이는 7~10cm이다.

생태: 암초, 산호초가 발달한 곳에서 다른 물고기의 피부, 입속의 찌꺼기나 기생충을
먹으며 산다. 자기보다 작은 물고기도 청소해준다. 수컷이 없어지면 암컷이 한 달 안에
수컷으로 성 전환을 하여 수컷 역할을 한다.

분포: 우리나라에서는 난류의 영향을 받는 남해와 제주도 연안, 일본 남부에서 남태평
양, 홍해, 인도양에 걸쳐 널리 분포한다.

기타 특성: 몸을 아래위로 흔들며 마치 춤을 추는 듯한 귀여운 행동과 큰 고기의 입 속
을 제집 드나들듯 하는 모습은 수중 사진작가들에게 인기가 높다. 1990년대 제주도 남
부 연안에서 어린 새끼가 확인되어 어류학계에 첫 보고되었는데, 최근에는 어미들도 관
찰된다.

은하수놀래기 놀래기과 | 농어목

학명: *Macropharyngodon negrosensis*
외국명: Yellowspotted wrasse (영); セジロノドグロベラ(sejironodogurobera) (일)

형태: 검은색 몸에 청록색의 작은 반점이 흩어져 있고 머리 위 앞쪽은 밝은 노란색을 띤다. 수컷은 금속성 광택을 가진 푸른색을 띠기도 한다. 꼬리는 흰색이다. 몸길이는 10cm 내외로 소형 어종이다.

생태: 산호초와 모래가 섞인 열대 해역에서 서식한다. 어릴 때는 떠다니면서 해류를 따라 확산된다. 어미들은 짝을 짓거나 작은 무리를 이룬다. 주로 바닥 가까이에서 살며, 포식자를 경계하기 위해 아래위로 움직이면서 유영하는 습성이 있다.

분포: 우리나라 제주도 남부 연안에서 확인된 바 있으며, 동인도양, 서부 태평양, 일본 류큐 열도 이남에서 호주 북부 연안까지 서식한다.

기타 특성: 제주도 남부 암초 연안에서 수중 사진작가들이 처음 확인한 우리나라 미기록 열대 어종이다.

농어목 | 놀래기과 # 무점황놀래기

학명: *Pseudolabrus eoethinus* 지방명: 어렝이
외국명: Red naped wrasse (영); アカササノハベラ(akasasanohabera) (일)

형태: 몸의 형태와 색이 황놀래기와 거의 비슷한데, 아가미뚜껑 아래쪽에 그물 모양의 무늬가 없고 황놀래기보다 몸의 붉은색이 약간 더 진한 점이 특징이다. 오랫동안 황놀래기와 같은 종으로 취급하다가 최근 이러한 형태 차이를 확인하고 별도 종으로 기록했다. 몸길이는 20cm 내외이다.

생태: 암반이 잘 발달한 연안에서 서식하는 아열대성 어종이다. 황놀래기와 마찬가지로 동물성 먹이를 주로 먹으며, 수온이 높아지면 탐식성이 강해진다. 갯지렁이, 새우, 게, 불가사리 등 다양한 동물성 먹이를 먹는다. 산란기는 겨울철로 알려져 있다.

분포: 우리나라 남해안과 제주도 연안, 일본 남부 연안에 분포한다.

기타 특성: 한때는 잡어로 취급했지만 최근에는 황놀래기와 함께 '어렝이'라 불리며 제주도 특산 어종으로 인기가 높아지고 있다.

황놀래기 놀래기과 | **농어목**

학명: *Pseudolabrus sieboldi* 지방명: 술뱅이, 어렝이

외국명: Bambooleaf wrasse (영); ホシササノハベラ(hoshisasanohabera) (일)

▲▲ 황놀래기 암컷(앞)과 수컷(뒤)

▶▶ 어린 암컷 황놀래기는 등이 밝은 주황색이고
배는 흰색을 띠어 매우 예쁘다.

형태: 용치놀래기보다 등이 높고 긴 타원형이며 암컷
은 주홍색, 수컷은 황갈색이 강하다. 머리 위에서 몸 중
앙 부분까지 검은색 선이 몇 줄 그어져 있다. 몸 색은 성 전환과 서식지에 따라 다양하
게 나타난다. 몸길이는 25cm 내외이다.

생태: 용치놀래기보다 약간 수심이 깊고 암초가 발달한 곳에서 서식한다. 낮에는 먹이
를 찾아 활동하고, 밤에는 암초 아래나 해조 사이에 몸을 숨기고 휴식을 취한다. 갯지
렁이, 새우, 게, 산호 폴립 등을 주로 먹는다. 겨울에는 모래 속으로 파고 들어가 월동
한다는 보고가 있으나 우리나라 연안에서는 겨울철에도 활동한다.

분포: 우리나라 남동해, 일본 북부 이남에서 타이완, 중국 남부 하이난섬 연안, 홍콩까
지 분포한다.

기타 특성: 암초가 발달한 연안, 섬 앞바다에 개체 수가 많은 놀래기의 일종이다. 살이
누렇고 연하지만 맛이 있으며 최근 제주도에서는 '어렝이회'로 인기가 있다.

어렝놀래기

학명: *Pteragogus flagellifer* 지방명: 어렝이
외국명: Cocktail wrasse (영); オハグロベラ(ohagurobera) (일)

▶▶ 노란색 테두리가 있는 커다란 비늘과
뺨에 독특한 줄무늬가 있는 수컷은 마치
인디언 추장 같은 느낌을 준다.

▲▲ 어렝놀래기 암컷

형태: 등이 높고 납작한 타원형이다. 수컷은 짙은 흑자색에 황갈색 반점이 있고 암컷은 황갈색 또는 적갈색에 검은색 점이 있다. 등지느러미의 1, 2번째 가시가 긴데 특히 암컷보다 수컷이 더 길다. 비늘은 크고 얇으며 만지면 잘 떨어진다. 몸길이는 20cm 내외이다.

생태: 난류의 영향을 받으며 해조류가 많은 수심 2~20m의 얕은 연안에서 서식하는 열대 어종이다. 다른 놀래기와 마찬가지로 낮에 주로 활동하고 밤에는 해조나 암초 사이에서 잠을 잔다. 수컷은 일정 구역에서 텃세를 가진다. 거미불가사리, 조갯살, 갯지렁이, 새우 등 다양한 먹이를 먹으며 강한 탐식성을 보인다.

분포: 우리나라에서는 쓰시마 난류의 영향을 받는 제주도와 남해 먼바다 섬에서 서식하며, 일본에서 인도양, 태평양, 파푸아뉴기니, 호주 남부에 이르기까지 널리 서식한다.

기타 특성: 살이 무르고 색이 탁해 수산 어종으로는 인기가 없다. 탐식성과 호기심이 강해 스쿠버다이버들과 친한 편이다. 제주도에선 황놀래기, 용치놀래기 등을 어렝이라 부른다.

혹돔 놀래기과 | 농어목

학명: *Semicossyphus reticulatus* 지방명: 엥이, 웽이
외국명: Bulgyhead wrasse (영); コブダイ(kobudai) (일)

▲▲ 혹돔 암컷

▶▶ 몸의 옆면에 나타나는 선명한
세로띠로 어린 개체임을 알 수 있다.

형태: 몸은 긴 타원형이다. 어릴 때는 적자색을 띤 몸의 옆면 중앙에 유백색 세로띠가 있지만 성장하면서 없어진다. 수컷은 자라면서 윗머리가 혹처럼 불룩하게 솟는다. 양 턱에는 굵고 강한 송곳니가 줄지어 나 있다. 온대·아열대 해역에서 서식하는 놀래기류 중에서 가장 대형 종으로, 100cm 내외로 자란다.

생태: 암초가 발달한 연안에서 서식하는 아열대 어종이다. 낮에 활동하고 밤이면 바위 틈이나 굴속에서 잠을 잔다. 어릴 때부터 단독생활을 하고 강한 이빨로 소라, 고둥 등을 부숴 먹으며 갯지렁이, 새우와 같은 갑각류도 먹는다. 암컷이 성숙해지면 수컷을 따라 다니며 짝을 이루어 알을 낳는다. 산란기는 5~6월이다.

분포: 우리나라에서는 남해 도서 연안, 동해안, 울릉도와 독도 등 난류의 영향을 많이 받는 해역에서 서식한다. 일본 남부, 남중국해, 서태평양 등지에 분포한다.

기타 특성: 놀래기류인데 돔이라는 이름이 붙을 만큼 힘이 좋아 낚시 대상어로 인기가 높다. 열대 해역의 대형 놀래기인 나폴레옹피시와 필적할 만큼 스쿠버다이버들에게는 만남 자체가 즐거운 인기 어종이다.

농어목 | 놀래기과 **무지개놀래기**

학명: *Stethojulis terina*

외국명: One line rainbow fish (영); カミナリベラ(kaminaribera) (일)

▶▶ 꼬리자루에 있는 검은색 점의 위아래로 푸른 띠가 있는 수컷과 달리 암컷은 머리가 분홍색이고 가슴지느러미 뒤에 짧은 푸른 띠가 있다.

▲▲ 무지개놀래기 수컷

형태: 몸은 긴 타원형으로 약간 납작하다. 수컷은 등이 녹색이며 배는 그보다 연하고, 꼬리자루의 검은색 점과 그 아래위에 있는 푸른색 띠가 특징이다. 암컷은 회색빛이 강하다. 몸길이는 15~18cm이다.

생태: 암초나 산호초가 발달한 얕은 연안에서 서식한다. 작은 갯지렁이, 새우, 게와 같은 바닥에 사는 무척추동물들을 먹는다.

분포: 우리나라 남해와 제주도 연안, 일본 남부, 아프리카, 호주에 널리 분포한다.

기타 특성: 몸 색이 아름다운 놀래기이지만 우리나라 연안에는 개체 수가 많지 않다.

색동놀래기 놀래기과 | **농어목**

학명: *Thalassoma amblycephalum*

외국명: Bluntheaded wrasse (영); コガシラベラ(kogashirabera) (일)

▲▲ 어린 색동놀래기

형태: 머리 위 경사가 급하고 둥근 주둥이와, 머리에서 꼬리자루까지 이어지는 굵은 검은색 띠가 이 종의 특징이다. 꼬리지느러미는 가운데가 흰색이고, 끝이 뾰족한 아래위는 주황색을 띤다. 수컷은 몸이 밝은색이고 머리는 녹색을 띠며 몸통은 황색이다. 머리에는 비늘이 없다. 몸길이는 최대가 16cm인 소형 어종이다.

생태: 암초나 산호초가 발달한 수심이 얕은 연안에서 서식하는 아열대성 놀래기류이다. 우리나라에는 개체 수가 적지만 열대 해역에서는 산호 석호나 암반 지대에 떼를 지어 산다. 동물플랑크톤을 주로 먹는다. 산란은 암초가 잘 발달한 곳에서 새벽에 이루어진다.

분포: 우리나라 제주도, 일본 남부, 인도양, 태평양, 남아프리카, 뉴질랜드 북부까지 널리 분포한다.

기타 특성: 수산 어종은 아니지만 수족관에서는 관상용으로 인기가 있다.

농어목 | 놀래기과 # 옥두놀래기

학명: *Iniistus pavo*

외국명: Blackspot razorfish (영); ホシテンス(hoshitensu) (일)

형태: 머리와 등이 높고 매우 납작하다. 머리는 눈앞에서 입까지 경사가 급하다. 입은 머리 아래쪽에 있고 턱에는 작은 이빨 들과 크고 강한 송곳니가 발달해 있다. 어릴 때는 선홍색, 분홍색 몸에 4~5줄의 갈색 띠가 나타나지만 자라면서 없어진다. 어미 옆구리 에 청색 반점이 여러 개 줄지어 나타난다. 두 개로 나누어진 등지느러미의 제1등지느러 미는 작으며, 첫 줄기가 실처럼 길게 뻗어 있다. 제2등지느러미의 앞쪽 몸통에 눈 크기 만 한 검은색 점이 있다. 몸길이는 35cm 정도이다.

생태: 모래나 펄 바닥에 사는 열대성 어종이다. 위험을 느낄 때나 밤에 모래 속으로 숨 어드는 습성이 있다.

분포: 우리나라 제주도 연안, 일본, 중국에서 호주 북동부 연안, 인도양, 서태평양까지 널리 서식한다.

기타 특성: 몸 색이 아름답고 모래 속으로 파고드는 독특한 습성 때문에 수족관에서 인 기가 있다.

녹색물결놀래기 놀래기과 | 농어목

학명: *Thalassoma lunare*

외국명: Moon wrasse (영); オトメベラ(otomebera) (일)

형태: 몸은 놀래기형이지만 꼬리지느러미가 제비꼬리처럼 아래위가 뾰족하게 튀어나오고, 분홍색 바탕의 머리에 녹색 방사형 무늬가 있는 것이 특징이다. 수컷은 푸른색 가슴지느러미가 있으며 그 한가운데는 붉은 자주색을 띤다. 어릴 때는 놀래기처럼 길쭉한 체형에 등이 갈색이고 배는 희며 등지느러미와 꼬리자루에 검은색 점이 하나씩 있어 어미와는 전혀 다른 모습이다. 몸길이는 20cm 내외가 많지만 해역에 따라 45cm까지 자란다.

생태: 열대 바다 산호초 해역에서 흔히 보이는 종이다. 식성은 육식성으로 다른 놀래기와 비슷한 것으로 알려져 있다.

분포: 우리나라 제주도, 일본 남부, 인도양, 중부 태평양의 열대 바다에 분포한다.

기타 특성: 놀래기류 중에서 꼬리지느러미의 생김새와 색이 독특하고 아름다운 종이다. 우리나라에서는 최근에 제주도 서귀포 연안에서 흔히 볼 수 있다.

농어목 | 놀래기과 **실용치**

학명: *Cirrhilabrus temminckii*
외국명: Threadfin wrasse (영); イトヒキベラ(itohikibera) (일)

▶▶ 턱 아래쪽 목 부분이 자줏빛을
띠는 것이 특징이다.

형태: 몸은 긴 타원형의 전형적인 놀래기류 형태이며 몸 색은 아름다운 핑크색을 띤다. 수컷은 몸 색이 짙고 배지느러미의 첫 번째 가시가 실처럼 길게 뻗어 있으며, 암컷은 수컷보다 몸색이 옅고 어린 실용치처럼 배지느러미가 짧다. 몸길이는 10cm 내외이다.

생태: 따뜻한 바다의 중층을 활발하게 헤엄치며 살아가는 열대 어종이다. 물고기 알, 작은 동물플랑크톤이나 바닥에 사는 무척추동물을 잡아먹는다. 알은 표층으로 흩어진다.

분포: 우리나라 제주도 남부에서 서태평양, 호주까지 분포한다.

기타 특성: 제주도 수중에서만 가끔 만날 수 있는 어종이다.

왜도라치 장갱이과 | 농어목

학명: *Chirolophis wui*   지방명: 괴도라치
외국명: Fringed blenny (영):

▶▶ 머리 위, 아가미뚜껑, 턱 아래에 단단해
보이는 피질돌기가 발달해 있다.

형태: 주둥이가 뭉툭하고 몸은 짧은 리본형이며 약간 통통하다. 황갈색, 흑갈색 몸에 황색 반점이 흩어져 나 있다. 뒷지느러미 위에는 비스듬한 황색 띠가 8개 있다. 머리 위, 아가미뚜껑, 턱 아래, 등지느러미의 앞쪽 가시 끝 위에 피질돌기들이 발달해 있다. 몸길이는 50cm까지 자란다.

생태: 연안의 암초 지대나 내만의 조개껍질이 섞인 모래 바닥에서 서식하는 온대성 어종이다. 좁은 은신처를 좋아하여 가끔 문어 통발 속에서 발견되기도 한다.

분포: 우리나라 서해와 남해, 중국 연안, 발해만 등에서 서식하며 일본에서는 관찰되지 않는다.

기타 특성: 수산 어종으로는 잡어 취급을 받아왔는데 육질이 쫄깃하고 단맛이 나서 횟감으로 인기가 올라가고 있다. 은신처인 바위 굴속에서 돌기가 많은 머리를 내밀고 있는 모습이 귀여워 수중 사진작가들에게 인기가 있다.

농어목 | 장갱이과 # 그물베도라치

학명: *Dictyosoma burgeri* 지방명: 쫄장어

외국명: Ribbed gunnel (영); ダイナンギンポ(dainanginppo) (일)

▶▶ 머리에 갈색 무늬와 점들이 있어 몸 색이 주변 암반과
거의 비슷해 언뜻 보면 구분이 안 된다.

형태: 몸은 긴 리본형이며 황갈색, 녹갈색, 흑갈색 등
몸 색이 다양하다. 몸의 옆면에는 옆줄이 그물 모양으
로 발달해 있다. 점액이 많아 미끈미끈하다. 등지느러미 줄기는 짧고 가시라 손으로 쥐
면 따갑다. 몸길이는 30cm 내외까지 자라는 개체도 있지만 20cm 내외가 흔하다.

생태: 얕은 연안의 바위나 돌 아래, 조수 웅덩이에서 서식하는 온대성 어종이다. 갯지
렁이, 새우, 물고기 새끼 등을 먹으며 먹이에 대한 탐식성이 강하다. 알은 덩어리 모양
이며, 부화할 때까지 어미가 몸으로 감싸 보호하는 습성이 있다.

분포: 우리나라 동해와 남해, 황해, 동중국해, 일본 연안에 분포한다.

기타 특성: 식용할 수 있지만 바위 틈에 살고 있어 어구로 잡기가 어려워 수산 어종으로
는 다루지 않는다. 먹이에 대한 욕심이 매우 강해 낚시로 잘 낚인다. 살은 희고 쫄깃쫄깃
하여 씹는 맛이 일품이며, 삼천포 등지의 어시장에서는 횟감으로 판매하기도 한다.

황점베도라치 장갱이과 | 농어목

학명: *Dictyosoma rubrimaculatum* **지방명:** 쫄장어, 돌장어
외국명: Ribbed gunnel (영); ベニツケギンポ(venitsukeginpo) (일)

▶▶ 아가미뚜껑 뒤에 주홍색
점이 있는 것이 특징이다.

형태:　몸은 그물베도라치처럼 납작한 장어형이며 몸의
옆면에는 독특한 그물무늬의 옆줄이 발달해 있다. 몸의 형
태와 색이 그물베도라치와 비슷하지만 살아 있을 때 아가미뚜껑 뒤에 주홍색 점이 있는
것이 특징이다. 몸길이는 그물베도라치보다 약간 작은 편으로 15cm 정도이다.

생태:　연안의 바위 아래나 굴속에 들어가 산다. 먹이에 대한 탐식성이 강하며 갯지렁
이, 새우, 게 등 작은 동물을 먹는다.

분포:　우리나라 남해, 제주도 연안, 일본, 동중국해에 분포한다.

기타 특성:　식용할 수는 있지만 일반 어구로 잡기가 어렵고 자원량도 적어 수산 어종으
로 취급하지 않는다.

농어목 | 장갱이과 **민베도라치류**

학명: *Zoarchias sp.*
외국명: pricklebacks (영); カズナギ(kazunagi) (일)

형태: 얼핏 보면 베도라치와 체형이 비슷하나, 머리 아래쪽에 있는 입이 길게 찢어져 있어서 입이 작은 베도라치류와는 형태적으로 구분된다. 몸길이는 10cm 내외의 소형 어종이다.

생태: 얕은 암반 연안에서 발견되며, 때로는 조수 웅덩이에서 볼 수 있는 온대성 어종 이다.

분포: 우리나라 제주도와 일본에 분포한다.

기타 특성: 수중에서는 베도라치로 잘못 알기 쉬운 종으로, 크기가 작고 몸이 매끄러 워 일반 어구로는 잡기가 어렵다. 우리나라에서는 장갱이과에 넣고 있으나 등가시치과 (Family Zoarcidae)에 포함하는 나라도 있어 분류학적 위치에 대한 이견이 있다.

점베도라치 <small>황줄베도라치과 | 농어목</small>

학명: *Pholis crassispina*   지방명: 베도라치, 빼도라치

외국명: Grunnel (영); タケギンポ(takeginpo) (일)

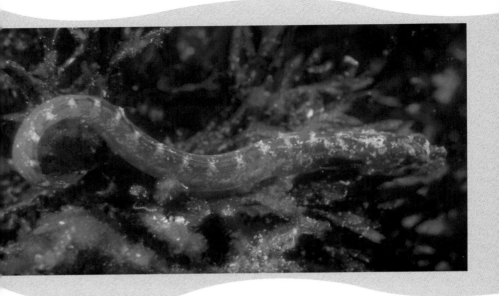

형태: 외형은 베도라치와 매우 비슷하나, 등지느러미 위에 흰색 마디와 같은 무늬가 줄 지어 있는 것과 가슴지느러미 줄기가 13~15개인 베도라치보다 적은 11~13개인 것으로 구분한다. 등지느러미는 75개 내외의 가시로 이루어지며 뒷지느러미는 2개의 가시와 34~41개의 줄기로 이루어져 있다. 몸길이는 15~25cm이다.

생태: 수심이 얕은 연안에 해조류가 무성하거나 작은 자갈이 깔린 바닥에서 주로 서식 한다. 몸길이가 2~5cm인 어린 개체들은 떠다니는 모자반 등 해조 사이에서 서식하면 서 작은 동물플랑크톤을 먹고 자라다가 몸에 띠무늬가 발달하면 바닥에서 생활한다.

분포: 우리나라 남해와 황해, 발해, 일본 연안에서 서식한다.

기타 특성: 부유생활을 하는 어린 시기에는 등지느러미 위의 무늬가 발달하지 않아 베 도라치와 구분하기가 매우 어렵다.

농어목 | 양동미리과 **열쌍동가리**

학명: *Parapercis multifasciata*

외국명: Gold-birdled sandsmelt, Bicolor-barred weever (영); オキトラギス(okitoragisu) (일)

▶▶ 눈이 크고 동공은 타원형이며
위턱은 예쁜 붉은색을 띤다.

형태: 체형은 원통형이며 황적색 바탕에 적색 가로띠가 10줄 있는데 두 줄씩 쌍을 이루듯 가까이 붙어 있다. 노란색 줄무늬가 눈 뒤쪽에서 H자를 이루고 위턱은 붉은색, 아래턱은 흰색을 띠어 화려하다. 꼬리지느러미 위에 6줄의 황색 띠가 있으며 꼬리자루에 검은색 둥근 반점이 있다. 몸길이는 15~20cm 정도이다.

생태: 연안의 모래펄 바닥에서 서식하는 온대성 어종이다. 새우, 게, 갯지렁이 등 작은 동물성 먹이를 먹는 것으로 알려져 있다.

분포: 우리나라 남해와 제주도 연안, 일본, 타이완에 분포한다.

기타 특성: 유사종인 쌍동가리보다는 깊은, 남해 앞바다의 수심 30~150m 바닥에서 서식한다. 식용할 수는 있지만 크기가 작고 자원량이 많지 않아 수산 어종으로 취급하지 않는다. 연안 외줄낚시에 걸려 올라오기도 한다.

동미리 양동미리과 | 농어목

학명: *Parapercis snyderi*

외국명: U-maker sandperch, Snyder's weever (영); コウライトラギス(kouraitoragisu) (일)

형태: 굵은 원통형의 몸은 주홍색을 띠며 등에는 5개의 암갈색 V자 무늬, 배에는 갈색 가로띠가 9~10개 있다. 몸길이는 10cm 정도이다.

생태: 아열대성 어종으로, 수심이 10~40m인 연안에서 암초가 잘 발달하고 작은 자갈이 깔린 곳이나 모래 바닥에 앉아 있는 것을 확인할 수 있다. 물고기와 갑각류를 먹고 사는 육식성 어종이다.

분포: 우리나라 남해와 제주도 연안, 일본 남부에서 호주 북부 연안에서 서식한다.

기타 특성: 바닥에 앉아 위로 향한 타원형의 눈동자를 이리저리 굴리는 모습이 귀여운 종이다.

농어목 │ 통구멍과 # 얼룩통구멍

학명: *Uranoscopus japonicus*   지방명: 통구멩이, 참통구멍
외국명: Stargazer (영); ミシマオコゼ(mishimaokoze) (일)

형태: 몸은 원통형이고 등에는 그물 모양의 갈색 무늬가 있으며 배는 희다. 머리 윗부분은 골질판으로 덮여 있으며 눈이 매우 작고, 강한 이빨을 가진 입은 위쪽을 향하여 열린다. 아가미뚜껑 바로 뒤에 독을 가진 크고 강한 가시가 하나 있다. 제1등지느러미는 검은색이고 제2등지느러미와 뒷지느러미는 희다. 가슴지느러미와 꼬리지느러미는 살아 있을 때에는 엷은 황색을 띤다. 몸길이는 25cm 내외이다.

생태: 얕은 연안에서 200~300m의 비교적 깊은 수심대까지 산다. 모래나 펄 바닥 속에 몸을 숨기고 눈과 입만 내놓고 주로 지내며, 작은 물고기 등을 잡아먹는 육식성 어종이다.

분포: 우리나라 남해, 서해 대륙붕, 제주도 연안의 깊은 바다, 일본 류큐 열도를 제외한 남부 연안에서 남중국해까지 분포한다.

기타 특성: 식용하며 남해안의 어시장에서 만날 수 있다. 머리 가시에 독이 있어 다룰 때 조심해야 한다.

가막베도라치 먹도라치과 | 농어목

학명: *Enneapterygius etheostomus*
외국명: Snake triplefin (영); ヘビギンポ(hebiginpo) (일)

▲▲ 가막베도라치 수컷

▶▶ 가막베도라치 암컷은 몸 색이
수컷보다 옅고 갈색 띠가 6개 있다.

형태: 몸은 가는 원통형이며 주둥이가 뾰족하다. 수컷은
제2, 3등지느러미 사이와 꼬리자루에 있는 백색 띠를 제외
하고 몸 전체가 검은색이다. 암컷은 수컷에 비해 색이 옅고 갈색 가로띠가 6개 있다. 등
지느러미는 3개이며 수컷의 제1, 2등지느러미는 검은색을 띠는 반면 암컷의 등지느러
미는 투명하다. 몸길이는 5~7cm이다.

생태: 수심이 얕은 암초 지대에서 암수가 함께 서식한다. 해조류를 갉아먹는 초식성
어종으로 알려져 있다.

분포: 우리나라 동해와 남해, 제주도 연안, 일본 남부에서 타이완, 홍콩, 베트남, 중국
하이난섬에 이르는 연안에 분포한다.

기타 특성: 손가락만 한 크기의 소형 물고기로, 바위에 붙어서 사는 어종이다. 수중 산
책을 즐기는 스쿠버다이버들이 흔히 만날 수 있는 귀여운 어종이다.

청황베도라치

학명: *Springerichthys bapturus*

외국명: Blacktail triplefin (영); ヒメギンポ(himeginpo) (일)

▲▲ 청황베도라치 암컷

형태: 몸 색이 매우 화려한 먹도라치과 어종으로, 가막베도라치와 형태가 비슷하나 몸이 조금 긴 원통형이다. 살아 있을 때는 투명하고 전체적으로 연분홍빛을 띠며 붉은색 반점이 흩어져 나 있다. 꼬리지느러미가 검은색을 띠는 것이 특징이다. 수컷의 머리는 검은색이 짙다. 몸길이는 7~10cm이다.

생태: 해조류가 무성한 얕은 연안의 암초에 붙어사는 소형 베도라치류로, 해조류를 먹고 사는 초식성 어종이다.

분포: 우리나라 제주도와 남해, 독도 연안, 일본 남부 연안, 북서 태평양에 분포한다.

기타 특성: 쓰시마 난류의 영향을 받는 제주도, 독도 연안에서 1990년대에 처음 확인되었으며, 최근에는 경남 통영 연안에서도 발견된다.

비늘베도라치 비늘베도라치과 | 농어목

학명: *Neoclinus bryope*

외국명: Moss fringehead (영); コケギンポ(kokeginpo) (일)

▶▶ 굴 밖으로 얼굴만 내민 비늘베도라치 머리 위에
나뭇가지 같은 피질돌기가 보인다.

형태: 옅은 갈색의 긴 원통형 몸에 갈색 가로띠가 있으며, 머리 위에는 복잡한 나뭇가지 모양의 피질돌기가 발달해 있다. 몸길이는 8cm 내외로 소형 어종이다.

생태: 연안의 얕은 암초 지대의 구멍, 조수 웅덩이의 자갈 사이에서 서식하는 소형 베도라치의 일종이다. 굴에서 머리만 내민 채 동물플랑크톤을 잡아먹고 산다.

분포: 우리나라 남해와 제주도, 울릉도와 독도, 일본 연안, 서태평양, 캘리포니아 연안 등 동부 태평양까지 널리 분포한다.

기타 특성: 머리 위 돌기가 마치 꽃이 붙어 있는 것 같아서 작고 귀여운 피사체를 찾는 수중 사진작가들에게 인기가 있다.

노랑꼬리베도라치

농어목 | 청베도라치과

학명: *Ecsenius namiyei*
외국명: Black comb-tooth (영); ニラミギンポ(niramiginpo) (일)

형태: 몸은 원통형이며 조금 납작하다. 전체적으로 어두운 청자주색을 띠는데 꼬리자루만 노란색을 띤다. 몸길이는 10cm 내외이다.

생태: 수심이 20m 이내인 얕은 연안 암반, 산호초 해역에서 서식하는 열대성 어종이다. 해조나 바닥의 유기물을 먹는다. 산란기가 되면 암컷과 수컷이 짝을 지어 다닌다. 난생으로 알에 점착성이 있어 바위에 붙는다.

분포: 우리나라 제주도 연안, 일본 남부, 타이완, 서부 태평양, 솔로몬 제도, 호주 북부 해역까지 널리 분포한다.

기타 특성: 1990년대 제주도 남부 연안에서 발견된 우리나라 미기록 어종 중의 하나로, 서귀포 연안의 얕은 암초 해안에서 확인된다.

저울베도라치 청베도라치과 | 농어목

학명: *Entomacrodus stellifer* 지방명: 베도라치
외국명: Stellar rockskipper (영); ホシギンポ(hoshiginpo) (일)

▶▶ 온몸에 점이 나 있는 점박이 저울베도라치
눈 위에 가느다란 피질돌기가 있다.

형태: 몸은 긴 원통형이며 전체적으로 통통한 편이다. 녹
갈색 바탕에 깨알 같은 흰 점이 온몸에 흩어져 나 있다. 눈
위에 가느다란 피질돌기가 있다. 몸길이는 10~15cm이다.

생태: 얕은 연안의 암초나 산호초 지대에서 서식하는데
주로 갈라진 암초 틈에 산다. 아열대성 어종으로 수정란
을 바위에 붙인다.

분포: 우리나라 남해와 제주도 연안, 일본 남부, 남중국해, 태국, 서부 태평양에 널리
분포한다.

기타 특성: 제주도 문섬 연안에서는 수심 1~5m의 얕은 암반에서 연중 발견된다. 넘실
대는 파도에도 자연스럽게 바위를 타고 넘는 듯한 행동이 귀엽다.

농어목 | 청베도라치과 # 청베도라치

학명: *Parablennius yatabei*   지방명: 뻬도라치

외국명: Yatabe blenny (영); イソギンポ(isoginpo) (일)

▶▶ 주둥이는 뭉툭하며 눈 위에는
마치 뿔처럼 생긴 피질돌기가 있다.

형태: 몸은 짧고 통통한 원통형이다. 머리는 둥글고 주둥이는 뭉툭하다. 눈 위에 피질돌기가 있으며 수컷이 좀 더 길다. 몸 색은 매우 다양하나 대개 수컷은 자색, 암컷은 녹갈색을 띤다. 양턱에는 강한 이빨이 있으며, 턱 안쪽에 송곳니가 있다. 몸길이는 7~9cm이다.

생태: 조수 웅덩이나 연안의 얕은 암초 지대에서 서식하는 온대성 어종이다. 해조류를 뜯어 먹거나 바닥에 쌓인 유기물을 먹고 산다. 빈 조개껍데기에 수정란을 낳아 붙이고 부화할 때까지 수컷이 지킨다.

분포: 우리나라 남해와 제주도 연안, 일본 중부 이남에 분포한다.

기타 특성: 머리의 돌기를 세우고 바위 사이를 누비는 모습이 마치 토끼처럼 귀여운 어종이다.

두줄베도라치 <small>청베도라치과 | 농어목</small>

학명: *Petroscirtes breviceps* 지방명: 베도라치

외국명: Black-banded blenny, Striped poison-fang blenny mimic, (영); ニジギンポ(nijiginpo) (일)

▶▶ 머리가 둥근 두줄베도라치는 귀엽게 생긴
모습과는 달리 송곳니가 날카롭다.

형태: 머리는 둥글고 몸통과 꼬리는 약간 납작하며 황갈색 바탕에 갈색 세로띠가 있다. 아래턱의 안쪽에 송곳니가 발달해 있다. 몸길이는 10cm 내외이다.

생태: 해초가 무성한 얕은 연안에서 서식하는 열대성 어종이다. 해조 숲에서 10여 마리 씩 떼를 지어 다니지만 모래 바닥에서도 볼 수 있다. 포식자로부터 자신을 방어하기 위해 아래턱의 송곳니로 무는 습성이 있다. 해조류, 작은 갑각류, 갯지렁이 등을 먹는 잡식성 어종이다. 수정란을 빈 조개껍질 등에 낳아 붙인다. 어린 새끼들은 떠다니는 해조류나 부유물, 부표 등의 주위에 머물면서 자란다.

분포: 우리나라 동해와 남해 연안, 일본 남부 연안에서 인도양, 서태평양, 호주, 동부 아프리카 연안까지 널리 서식한다.

기타 특성: 고둥 껍질이나 바다에 버려진 병이나 깡통 속에 알을 낳고서 이를 지키는 모습이 귀여워 수중 사진작가들에게 인기가 있다. 물 밖에선 자기 방어를 위해 강한 송곳니로 상대를 무는 습성이 있으므로 다룰 때는 손가락을 물리지 않도록 조심해야 한다.

농어목 | 청베도라치과 **개베도라치**

학명: *Petroscirtes variabilis*
외국명: Variable sabretooth blenny (영); イヌギンポ(inuginpo) (일)

▶▶ 개베도라치 한 마리가 보호색이라도 띤 듯
산호 속에 몸을 묻고 있다.

형태: 몸은 좌우로 약간 납작한 원통형이다. 몸의 옆
면에 줄무늬가 뚜렷한 두줄베도라치와는 달리 흰 점이
온몸에 흩어져 있어 얼룩덜룩하다. 수컷은 황갈색, 암컷은 등이 녹청색이고 배는 흰색
을 띠어 암수의 몸 색에서 차이가 있다. 몸 색은 서식 환경에 따라서도 변이가 심하다.
몸길이는 15cm에 이른다.

생태: 해조가 무성하고 수심이 얕은 모래 섞인 암초 지대, 잘피밭에서 서식하는 열대
어종이다. 주로 작은 갑각류를 잡아먹는데 때로는 물고기를 먹기도 한다. 점착성이 있
는 수정란은 조개껍질이나 바위에 낳아 붙인다.

분포: 우리나라 제주도 연안, 타이완, 스리랑카, 피지 연안, 남서 태평양, 호주 동부 연
안에 널리 분포한다.

기타 특성: 1995년 제주도 남부 연안에서 스쿠버다이버들이 발견한 우리나라 미기록
열대 어종이다.

큰입학치 학치과 | 농어목

학명: *Lepadichthys frenatus*
외국명: Brigled clingfish (영); ミサキウバウオ(misakiubauo) (일)

형태: 원통형 몸에 머리는 아래위로 납작하며 꼬리는 좌우로 납작하다. 눈은 큰 편이며 입은 위로 열린다. 전체적으로 황갈색을 띠며 눈을 가로지르는 검은색 띠가 있다. 몸통 후반에서 시작하는 등지느러미와 뒷지느러미는 꼬리지느러미와 연결되어 있다. 배지느러미는 흡반형이다. 최대 몸길이는 5cm로 소형 어종이다.

생태: 연안의 암초나 산호초 지대에서 서식하는 온대성 어종이다. 열대 해역에서는 성게의 침 사이에 머무는 모습을 자주 볼 수 있다.

분포: 우리나라 제주도, 일본 남부, 서태평양, 호주 등에 분포한다.

기타 특성: 우리나라 제주도 연안에는 개체 수가 많지 않은 종이다.

농어목 | 돛양태과 **날돛양태**

학명: *Callionymus beniteguri* 지방명: 양태
외국명: Jordan's dragonet (영); トビヌメリ(tobinumeri) (일)

▶▶ 날돛양태가 작은 물고기를 잡아먹는
순간이 카메라에 잡혔다.

형태: 몸의 형태는 돛양태와 닮았으며, 아가미뚜껑의
가시는 휘어지지 않으며 안쪽은 톱니 모양이다. 제1등
지느러미의 앞쪽 가시는 길고, 뒷지느러미는 회갈색 바탕에 회색 물결무늬가 나 있다.
수컷의 제1등지느러미 1, 2가시는 실처럼 길게 뻗어 있으며 뒷지느러미는 검은색이며,
암컷의 제1등지느러미 후반부는 검은색을 띤다. 꼬리지느러미의 아래쪽은 검다. 어린
개체들은 몸의 옆면에 흰색의 둥근 무늬들이 있다. 몸길이는 20cm 내외이다.

생태: 모래, 모래펄 바닥에서 서식하는 소형 돛양태류로, 바닥의 갯지렁이, 소형 갑각
류를 잡아먹는다.

분포: 우리나라 동해와 남해, 일본 중부 이남, 동중국해에 분포한다.

기타 특성: 식용할 수는 있지만 몸이 작은 연안 잡어로, 수산 어종으로 취급하지 않는
다. 보리멸, 가자미 등과 함께 여름철 모래 연안에서 낚시로 잡을 수 있다.

돗양태
돗양태과 | 농어목

학명: *Repomucenus lunatus* 지방명: 양태새끼
외국명: Moon dragonet (영); ヌメリゴチ(numerigochi) (일)

▶▶ 몸 색이 바닥과 비슷해 눈에 잘 띄지 않는 돗양태가
삼각형의 머리를 살짝 들어 주위를 살피고 있다.

형태: 몸은 원통형이고, 머리는 삼각형으로 아래위로 납작하며 꼬리는 가늘고 길다. 등은 회갈색이며 배는 희다. 제1등지느러미는 검은색이며, 수컷의 첫 번째 가시는 실처럼 길게 뻗어 있다. 뒷지느러미는 희다. 아가미뚜껑에 앞쪽을 향해 갈라진 날카로운 가시가 있다. 몸길이는 15cm 내외이다.

생태: 모래, 모래펄 바닥에서 서식하는 돗양태류의 일종으로 온대성 어종이다. 바닥의 갯지렁이, 소형 갑각류를 잡아먹는다.

분포: 우리나라 서해와 남해, 일본 중부 이남, 북서 태평양에 분포한다.

기타 특성: 식용할 수 있지만 몸이 작아 수산 어종으로 취급하지 않는다.

농어목 | 돛양태과 **연지알롱양태**

학명: *Neosynchiropus ijimai*

외국명: dragonet, (영); ヤマドリ (yamadori) (일)

▶▶ 눈 아래와 지느러미 등 온몸에 선명한 청색 반점이 흩어져 나 있다. 사진 속 개체는 수컷이다.

▲▲ 연지아롱양태 암컷

형태: 몸은 전체적으로 적갈색을 띠고 노란색, 청색 반점이 흩어져 있으며 눈 아래에도 청색 반점이 흩어져 있다. 눈 위에 한 쌍의 피질돌기가 있으며, 수컷의 제1등지느러미에 있는 4개 가시가 길게 뻗어 있어 지느러미가 크고 넓적해 보인다. 지느러미 막에는 가느다란 흰 선들이 촘촘히 발달해 화려하다. 아가미뚜껑에 가시가 있는데 형태가 비슷한 네점알롱양태에는 없어 이 종의 특징이라 할 수 있다. 몸길이는 5~7cm이다.

생태: 수심이 얕고 해조류로 덮인 바위에 사는 알롱양태류의 일종이다. 산호초 지대의 모래 바닥에서도 볼 수 있다.

분포: 우리나라 제주도 연안과 일본, 북서 태평양에서 서식한다.

기타 특성: 암수가 함께 발견되기도 하며, 외형이 화려하고 크기가 작아 수족관에서 관상용으로 가치가 있다.

견점망둑 망둑어과 | 농어목

학명: *Acentrogobius multifasciatus*

외국명: Prison goby (영); セイタカスジハゼ(seitakasujihaze) (일)

▶▶짧고 뭉툭한 주둥이와 불쑥 솟아오른
두 눈의 생김새가 재미있다.

형태: 전체적인 몸의 형태는 손가락 모양이며, 주둥이는
짧고 뭉툭하다. 등지느러미는 2개이며 투명한 지느러미 막
에는 갈색 반점이 발달해 있다. 몸의 옆면에 검은색과 깨알같이 작은 청색 반점들이 흩
어져 있다. 몸길이는 보통 4cm 정도이다.

생태: 열대성 어종으로 얕은 연안에서 사는 망둑어류이다. 조수 웅덩이나 연안의 펄
바닥에서 서식하며 강 하구에서도 흔히 발견된다. 먹이로는 바닥에 사는 갯지렁이, 새
우 등을 잡아먹는다.

분포: 우리나라 제주도 남부 연안에서 발견된 적이 있으며, 일본 류큐 열도, 필리핀,
싱가폴 연안까지 널리 서식한다.

기타 특성: 식용할 수는 있지만 작아서 수산 어종으로 취급하지 않는다.

농어목 | 망둑어과 **풀비늘망둑**

학명: *Eviota abax*
외국명: Shore goby (영); イソハゼ(isohaze) (일)

형태: 손가락 크기의 몸은 원통형이며 꼬리 쪽으로 갈수록 좌우로 약간 납작하다. 머리는 주둥이의 경사가 급해 앞쪽이 뭉툭해 보인다. 몸은 거의 투명하며 몸의 옆면에 비늘을 따라 적갈색 무늬가 발달해 있다. 등지느러미는 2개이며 제1등지느러미의 앞쪽 줄기가 길게 연장되어 있다. 뒷지느러미와 꼬리지느러미는 옅은 검은색을 띤다. 몸길이는 4cm 정도이다.

생태: 암초가 잘 발달한 연안에서 서식하며 조수 웅덩이에서도 자주 확인되지만, 생태와 관련한 자료가 거의 없다.

분포: 우리나라 제주도 연안에서 확인된 적이 있고, 북서 태평양, 일본 남부, 하와이 연안에 널리 서식한다.

기타 특성: 몸집이 작아 관찰하기가 쉽지 않지만 수중 사진작가들에게는 좋은 모델이 되어 준다.

두건망둑 망둑어과 | 농어목

학명: *Eviota epiphanes*
외국명: Davine dwarf goby (영); ミドリハゼ(midorihaz)(일)

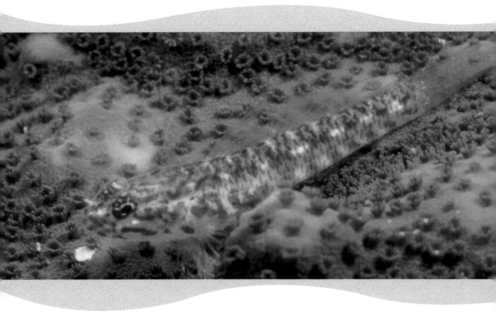

형태: 몸은 원통형이며 꼬리 쪽이 약간 납작하다. 몸은 투명하며 비늘 가장자리를 따라 적갈색 무늬가 있다. 지느러미 막은 투명하며 등지느러미에는 적갈색 반점들이 있다. 몸길이는 최대 2.5cm인 소형 망둑어류이다.

생태: 산호초나 암초가 잘 발달한 얕은 연안에서 서식하는 온대성 어종이다. 몸집이 작아 암벽의 갈라진 틈이나 바위 아래에 은신해 살아간다. 알은 낳아서 바위에 붙인다.

분포: 우리나라 제주도 연안, 일본 남부, 하와이, 인도양, 태평양에 널리 서식한다.

기타 특성: 크기가 매우 작은 망둑어류이지만 스쿠버다이버나 수중 사진작가들이 자주 만나는 어종이다.

농어목 | 망둑어과 # 사자코망둑

학명: *Istigobius campbelli*

외국명: Pugnose goby (영); クツワハゼ(kutsuwahaze) (일)

형태: 몸은 원통형이고 연분홍색 몸에 깨알같이 작은 적갈색과 갈색의 점이 흩어져 있으며, 몸의 옆면 중앙을 따라 아령형 적갈색 점이 5개 있다. 각 지느러미 막에는 크고 작은 적갈색 점들이 흩어져 있다. 살아 있을 때는 아가미뚜껑 위에 청색 점이 4개 있다. 몸길이가 8~10cm인 소형 망둑어류이다.

생태: 수온이 높은 얕은 연안의 모래 바닥에서 주로 서식하며 암초 지대의 바위 아래나 갈라진 틈에서도 산다. 단독생활을 하지만 몇 마리씩 무리를 짓기도 한다. 산란기는 봄부터 초여름까지이며 어미가 수정란이 부화할 때까지 옆에서 지킨다.

분포: 우리나라에서는 난류의 영향을 받는 남해, 제주도 연안에서 확인되며, 일본 남부, 타이완, 홍콩 연안에 분포한다.

기타 특성: 암반에 사는 작은 망둥어류로, 제주도 연안에서 활동하는 스쿠버다이버들에게는 친숙한 종이다.

219

비단망둑 망둑어과 | **농어목**

학명: *Istigobius hoshinonis*
외국명: Hoshino's goby (영); ホシノハゼ(hoshinohaze) (일)

형태: 몸은 원통형이며 연분홍색 바탕에 직사각형의 옅은 적갈색 반점이 몸의 옆면 중앙을 따라 줄지어 있다. 배지느러미는 둥근 빨판형이고, 등지느러미와 뒷지느러미는 크며 마주 보고 있다. 몸길이는 10cm 내외이다.

생태: 수심이 얕은 연안의 모래나 펄 바닥에서 발견되는 망둑어류이다. 갈라진 암반 틈이나 바위 아래에서도 서식한다. 주로 단독생활을 하지만 몇 마리씩 무리 짓기도 한다. 산란기는 5~7월이며 수정란을 조개껍질에 붙이고 수컷이 보호하는 습성이 있다. 바닥에서 서식하는 갯지렁이, 새우, 게 등을 잡아먹는다.

분포: 우리나라 남해, 제주도 연안의 암초 지대, 일본 남부에서 홍콩 연안까지 분포한다.

기타 특성: 남해나 제주도 연안에서 수중 산책을 즐기는 스쿠버다이버들에게 쉽게 눈에 띄는 종이다.

농어목 | 망둑어과 **연산호유리망둑(가칭)**

학명: *Pleurosicya boldinghi*

외국명: Soft–coral goby (영); ウミショウブハゼ(umisheubuhaze) (일)

형태: 몸은 짧은 원통형으로 약간 납작하다. 몸과 지느러미 막이 투명하고, 눈의 홍채가 붉은빛을 띠며 눈에서 주둥이 끝으로 주홍색 띠가 나 있다. 몸길이는 2~4cm이다.

생태: 비교적 강한 조류가 흐르는 얕은 암초 연안의 산호(수지맨드라미류) 위에서 산다. 대개 수심 20m 내외에서 서식하지만 일부 개체는 80m 수심대의 산호에서도 발견된다. 산호 한 개체 위에 여러 마리가 살기도 한다.

분포: 우리나라 제주도 남부, 인도양, 서태평양, 남아프리카, 인도네시아, 파푸아뉴기니 등 아열대 · 열대 해역에 널리 분포한다.

기타 특성: 몸이 투명하고 작아서 수중에서 만나려면 매우 섬세한 관찰력이 필요한 소형 망둑어로, 수중 사진작가들에게 좋은 소재가 된다.

옆줄유리망둑(가칭) 망둑어과 | 농어목

학명: *Pleurosicya micheli*

외국명: Michel's ghost goby (영); アカスジウミタケハゼ(akasujiumitakehaze) (일)

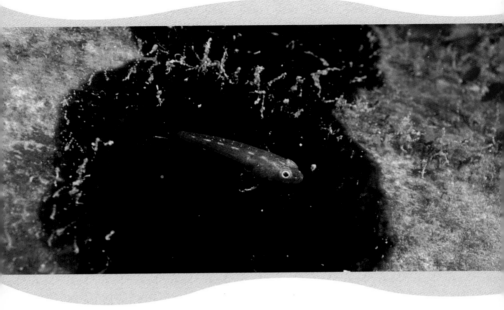

형태: 외형이 유리망둑과 유사하다. 주둥이에서 꼬리지느러미 중앙까지 몸속에 붉은색 띠가 있다. 주둥이는 뾰족하며 눈에서 주둥이로 향하는 붉은색 선이 있다. 눈의 홍채는 붉다. 몸길이는 2.5cm 내외로 연산호유리망둑보다 더 작다.

생태: 암초, 산호초가 잘 발달한 연안에서 서식한다. 수심 10~40m 내외의 수심층 산호 위에서 발견되는데, 간혹은 조개의 외투막에서도 관찰된다. 알은 대개 유령멍게류 위에 낳는다.

분포: 우리나라 제주도 남부 연안, 인도양, 태평양, 피지, 하와이 연안에서 서식한다.

기타 특성: 아주 작고 귀여운 망둑어류로, 산호 위에 앉아 있는 모습은 수중 사진작가들에게 인기 있는 소재이다.

유리망둑(가칭)

학명: *Pleurosicya mossambica*

외국명: Toothy goby (영); セボシウミタケハゼ(seboshiumitakehaze) (일)

형태: 주둥이에서 꼬리지느러미 중앙까지 몸통을 따라 붉은색을 띠며 그 위에 7개 내외로 긴 타원형의 흰색 점이 있다. 주둥이는 뾰족하며 입이 큰 편이다. 가슴지느러미와 배지느러미는 큰 편이다. 눈에서 주둥이로 향하는 붉은색 선이 있고 등지느러미가 있는 몸통에 검은색 반점이 있다. 눈의 홍채는 붉다. 몸길이는 3cm 내외이다.

생태: 암초가 발달한 연안에서 서식하는 열대 어종이다. 산호, 해면, 해조 등 다양한 생물체 위에서 발견된다. 주로 단독생활을 한다.

분포: 우리나라 제주도 남부에서 발견된 적이 있다. 일본 남부에서 인도양, 태평양, 홍해, 아프리카 동부 연안까지 널리 분포한다.

기타 특성: 다른 유리망둑류와 함께 수중 사진을 즐기는 스쿠버다이버들에게 인기 있는 소재이다.

일곱동갈망둑 망둑어과 | 농어목

학명: *Pterogobius elapoides* 지방명: 꼬시락, 꼬시래기
외국명: Serpentine goby (영); キヌバリ(kinubari) (일)

형태: 옅은 분홍색 몸에 검은 가로띠가 8줄 있다. 첫 번째 줄은 눈을 가로지르며 맨 끝 줄은 꼬리자루에 있다. 눈 뒤에는 머리 위로 그어진 비스듬한 줄이 하나 더 있다. 몸길이는 10cm 내외이다.

생태: 부레가 있어 중층에 떠서 생활하는 망둑어류로, 연안의 바위 지대나 항구와 포구의 내만에 떼를 지어 산다. 동물플랑크톤, 소형 새우, 지렁이류를 잡아먹으며 탐식성이 강하다. 수정란은 부화할 때까지 어미가 지킨다.

분포: 우리나라 동해와 남해, 제주도, 일본 중남부에서 홍콩 연안까지 널리 서식한다.

기타 특성: 생김새가 부드럽고 색과 무늬가 선명하여 매우 아름다운 망둑어류다. 탐식성이 강해 낚시에 잘 물려 올라오지만 식용하지는 않는다.

농어목 | 망둑어과

흰줄망둑

학명: *Pterogobius zonoleucus* 지방명: 꼬시락, 꼬시래기
외국명: Whitegirdled goby (영); チャガラ(chagara) (일)

형태: 체형은 긴 원통형으로 일곱동갈망둑과 비슷하며, 몸은 연분홍색 바탕에 주황색, 흰색 세로띠가 있다. 또한 제2등지느러미와 뒷지느러미에 푸른색 줄이 있다. 몸길이는 8~10cm이다.

생태: 부레가 있어 일생 동안 중층에 떠서 떼를 지어 살아가는 온대성 망둑어류다. 산 란기는 봄철이며, 남해안에서는 여름에 분홍색을 띠는 몸길이 2~4cm의 새끼들이 떼를 지어 포구에 나타나기도 한다. 동물플랑크톤, 소형 새우, 갯지렁이를 먹고 산다.

분포: 우리나라 동해와 남해, 제주도, 일본 중부 이남에서 서식한다.

기타 특성: 식용할 수는 있지만, 크기가 작아 어업 대상종은 아니다.

금줄망둑 망둑어과 | **농어목**

학명: *Pterogobius virgo*
외국명: Maiden goby (영); ニシキハゼ(nishikihaze) (일)

▶▶ 몸통 전체에 있는 줄무늬와 함께 꼬리지느러미의
화려한 무늬가 유독 눈길을 끈다.

형태: 몸은 옅은 황색 바탕에 머리에서 꼬리까지 2~3줄
의 푸른색 세로띠가 있다. 뒷지느러미와 꼬리지느러미 위
에도 반짝이는 푸른색 줄이 있어 몸 색이 화려한 망둥어류이다. 몸길이는
20cm에 이른다.

생태: 바위가 잘 발달한 연안의 수심 10~30m 암초 지대에서 주로 서식하는 망둑어류
다. 위험을 느끼면 바위 굴속으로 숨는 습성이 있다. 갯지렁이, 새우류 등 작은 동물들
을 잡아먹는다.

분포: 우리나라 남해와 제주도 연안, 일본 남부 연안에서 서식한다.

기타 특성: 개체 수가 많지 않아 흔히 만날 수 있는 어종은 아니다. 몸에 독은 없지만
식용하지 않는다.

농어목 | 망둑어과 **바닥문절**

학명: *Sagamia geneionema* 지방명: 문절이, 꼬시래기
외국명: Hairychin goby (영); サビハゼ(sabihaze) (일)

▶▶ 아래턱에 짧은 수염이
삐쭉삐쭉하게 나 있다.

형태: 몸은 원통형이고 전체적으로 분홍색을 띠며, 몸의 옆면 윗부분에 크고 작은 적갈색 반점들이 흩어져 있다. 꼬리는 좌우로 약간 납작하다. 등지느러미는 2개로 작은 적갈색 반점들이 발달해 있고 제1등지느러미 뒤쪽 가장자리에는 커다란 검은색 반점이 있다. 뺨에는 가느다란 적갈색 선이 아래쪽으로 4~5개 그어져 있고 아래턱에 20개 이상의 짧은 수염이 지저분하게 나 있는 것이 특징이다. 몸길이는 7cm 내외로 소형 망둑어류이다.

생태: 암반, 자갈이 섞인 얕은 연안의 모래펄, 조개껍질이 섞인 모래 바닥에 앉아서 지내는 온대성 망둑어류로, 갯지렁이 등 작은 무척추동물을 포함하여 다양한 먹이를 먹는다.

분포: 우리나라 남해와 제주도 연안, 일본 중남부 연안에서 서식한다.

기타 특성: 식용할 수는 있지만 몸집이 작고 일반 어구로는 잡기가 어려워 수산 어종으로 취급하지 않는다.

꼬마줄망둑 망둑어과 | 농어목

학명: *Trimma grammistes*

외국명: Striped sleeper, Rubble goby (영); イチモンジハゼ(ichimongjihaze) (일)

형태: 작은 원통형의 몸은 분홍색을 띠며, 머리 위에서 등 쪽에 이르는 짧은 띠와, 입에서 시작하여 꼬리자루까지 이어지는 굵은 적갈색 띠무늬가 특징이다. 몸길이는 3~4cm 내외로, 소형 망둑어류다.

생태: 수심이 얕고 산호초가 잘 발달한 해역의 갈라진 암반 틈이나 굴속에서 생활한다.

분포: 우리나라는 쓰시마 난류의 영향을 받는 제주도 연안, 일본 남부, 타이완, 필리핀에 분포한다.

기타 특성: 제주도 연안의 암초, 산호초 연안에서 흔히 볼 수 있는 귀여운 망둑어류다.

청황문절

학명: *Ptereleotris hanae*

외국명: Blue hana goby (영); ハナハゼ(hanahaze) (일)

▶▶ 청황문절의 암컷과 수컷은 성별에
따른 형태 차이가 거의 없다.

형태: 긴 원통형의 몸은 옅은 하늘색을 띠며, 꼬리지느러미에 줄기 4개가 실처럼 길게 뻗어 있다. 머리는 작지만 눈은 크고 입은 위쪽으로 열린다. 제1등지느러미의 2번째 가시가 길게 뻗어 있다. 아가미 뒤에서 몸통 중앙 아래 쪽을 지나 꼬리지느러미 끝에 이르는 청색 띠가 있다. 가슴지느러미 아래쪽 몸통에 청색 반점이 있다. 몸길이는 15cm 내외이다.

생태: 수심 30m 이하 얕은 연안의 경사가 급한 암초 지대에서 서식하며, 잡석 위나 암반 부근의 모래 바닥에서도 발견된다. 바닥의 굴속에 암수가 짝을 지어 생활하는데 때론 가재가 파 놓은 굴을 이용하기도 한다.

분포: 우리나라 남해와 제주도, 일본 남부, 필리핀에서 호주 북서 연안까지 널리 분포한다.

기타 특성: 난류의 영향을 받는 제주도 문섬 북쪽 연안의 경사가 급한 암초 지대에서 볼 수 있으며 가까이 접근하면 바위 아래로 숨는다. 수중에서 꼬리지느러미를 좌우로 천천히 흔들며 암수가 함께 떠 다니는 모습이 매우 아름답고 우아하다.

제비활치 활치과 | 농어목

학명: *Platax pinnatus*
외국명: Dusky batfish, Sea bat (영); アカククリ(akakukuri) (일)

▲▲ 제비활치 새끼

형태: 몸은 등이 매우 높고 납작하며 어릴 때는 등지느러미와 뒷지느러미가 길어서 몸이 삼각형을 띤다. 어릴 때는 지느러미가 더 길고 황갈색이라 마치 긴 막대기가 물에 떠다니는 것처럼 보이지만, 자라면서 은회색을 띠며 지느러미는 짧아진다. 머리에는 갈색 가로띠가 2개 있다. 몸길이는 50m 내외이다.

생태: 수심이 얕은 연안에서 무리를 지어 사는데 성장하면서 점차 단독생활을 하는 개체가 늘어난다. 때로는 많은 수의 성어가 무리 지어 이동하는 모습이 눈에 띄기도 한다. 열대성 어종으로 해조, 해파리, 동물플랑크톤을 먹는다.

분포: 우리나라 남해와 제주도, 일본 중부 이남, 동중국해, 인도에 널리 분포한다.

기타 특성: 어릴 때와 어미가 되었을 때의 모습이 완전히 달라서 다른 종으로 잘못 알기도 한다.

▶▶어린 제비활치(왼쪽)와 성어(오른쪽)로 자라면서
변태를 하여 완전히 모습이 다르다.

초승제비활치 활치과 | 농어목

학명: *Platax boersii* 지방명: 제비활치
외국명: Golden spadefish (영); ミカヅキツバメウオ(mikazukistubameuo) (일)

형태: 몸길이가 5cm 내외인 어린 새끼는 검은색을 띠며 등지느러미와 뒷지느러미가 매우 길어서 마치 길쭉한 막대처럼 보인다. 자라면서 머리의 윤곽과 체형이 둥글게 되고 은백색 광채가 나는 몸으로 변한다. 어미는 눈과 몸통을 가로지르는 검은색 띠가 있으며, 등과 뒷꼬리지느러미의 가장자리가 검은색을 띤다. 몸길이는 30cm 내외이다.

생태: 산호초 직벽의 경사면 부근에서 살아가지만 어릴 때는 산호 안쪽 조용한 곳에서 성장하는 열대 어종이다. 잡식성으로 알려져 있다.

분포: 우리나라 제주도, 일본 남부에서 북서 태평양의 열대 바다에서 서식한다.

기타 특성: 제주도에서는 어린 새끼들이 가끔 발견된다. 식용어이다.

남방제비활치(가칭) 활치과 | 농어목

학명: *Platax orbicularis*   지방명: 제비활치

외국명: Orbicular batfish (영); ナンヨウツバメウオ(nanyoustubameuo) (일)

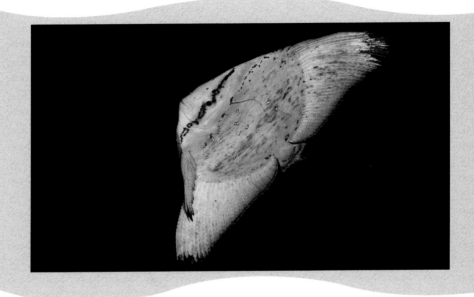

형태: 몸 형태는 초승제비활치와 매우 비슷하다. 다른 제비활치류와 마찬가지로 성장하면서 등지느러미와 배지느러미가 작아지고 머리의 윤곽이 둥글게 바뀐다. 크기가 7cm 내외로 어릴 때에는 누른빛을 띠며, 등지느러미와 뒷지느러미 그리고 꼬리자루가 삼각형을 이루어 마치 육지에서 떠내려온 단풍 든 낙엽처럼 보인다. 이 크기일 때는 꼬리지느러미가 투명하여 잘 보이지 않는다. 자라서 성어가 되면 은백색을 띠며 몸길이는 30cm에 이른다.

생태: 어린 개체들은 강 하구에 많이 출현하는 특징을 보이는 반면, 성어는 암반이 발달한 직벽의 중층에 한 마리 또는 몇 마리씩 모여 서식한다. 어린 개체들은 나뭇잎이 수면에 떠 있는 것처럼 움직이며 살아간다. 해조류나 새우, 게 등을 먹는다.

분포: 우리나라 제주도에 가끔 어린 개체들이 나타나지만 흔치는 않다. 중부 태평양에서 인도양에 이르는 열대 바다에 분포한다.

기타 특성: 식용하며 관상어로도 가치가 있다.

234

농어목 | 독가시치과 # 독가시치

학명: *Siganus fuscescens* 지방명: 따치
외국명: Rabbit fish, Mottled spinefoot (영); アイゴ(aigo) (일)

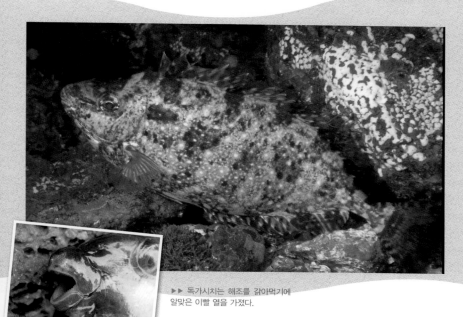

▶▶ 독가시치는 해조를 갉아먹기에
알맞은 이빨 열을 가졌다.

형태: 몸은 긴 타원형이며 좌우로 납작하다. 노란색과 황갈색 바탕에 흰색 반점이 몸 전체에 흩어져 있으나 자라면서 색이 점점 옅어진다. 가죽 같은 껍질에는 작고 둥근 비늘이 덮여 있으며, 이빨은 판 모양으로 붙어 있다. 무리 지어 해조류를 뜯어 먹는 모습이 마치 토끼처럼 보인다. 몸길이는 40cm 내외이다.

생태: 잘피나 해조가 무성한 연안이나 암초 지대에서 무리를 지어 서식한다. 해조류와 해조류에 붙어 있는 다양한 동물플랑크톤, 새우, 게 등을 먹는다. 우리나라에서의 산란 생태는 알려져 있지 않으나, 열대 바다에서는 초승달이 뜨는 시기에 수십 마리씩 떼를 지어 산란한다. 어미 한 마리가 한 번에 약 30만 개의 알을 낳는다.

분포: 우리나라 남해안과 제주도 연안, 일본, 동중국해, 필리핀, 중부 태평양에서 남아 프리카에 이르는 태평양, 인도양의 따뜻한 바다에서 서식한다.

기타 특성: 지느러미 가시에 독이 있어 다룰 때 주의해야 한다. 주로 해조류를 먹는 식성 때문에 죽으면 살에서 독특한 냄새가 나서 한때 먹기를 꺼려했지만, 최근에는 횟감으로 인기를 얻고 있다. 힘이 좋아 낚시 대상어로도 관심이 높다.

235

깃대돔 깃대돔과 | 농어목

학명: *Zanclus cornutus*

외국명: Moorish idol, Spined moorish idol (영); ツノダシ(tsunodashi) (일)

형태: 몸은 좌우로 납작하며 등지느러미가 실처럼 길게 뻗어 있다. 노란색 몸에는 검은 색의 폭넓은 가로 무늬가 2개 있으며 꼬리지느러미도 검다. 주둥이는 가늘고 뾰족한 원 뿔형이다. 몸길이는 20cm 내외이다.

생태: 산호초나 암초가 잘 발달한 연안에서 흔히 발견되는 열대 어종이다. 작은 무리 를 지어 살거나 2~3마리씩 함께 서식한다. 성어들은 단독생활을 하지만 간혹 떼를 지 어 나타나기도 한다. 떠다니면서 생활하는 어린 시기가 비교적 긴 편으로 이는 서식 범 위를 넓히는 데 유리하다. 작은 해조, 해면 등을 먹는 잡식성 어종이다.

분포: 우리나라는 쓰시마 난류의 영향을 받는 남해, 제주도 연안에, 인도양, 태평양, 일본 남부, 하와이 연안, 캘리포니아 연안에서 페루까지 태평양 해역에 널리 분포한다.

기타 특성: 수조에서 키우기가 어려운 종이지만 모습이 아름다워 수족관에서 인기가 있다.

농어목 | 양쥐돔과 **쥐돔**

학명: *Prionurus scalprum*

외국명: Scalpel sawtail (영); ニザダイ (nizadai) (일)

▶▶ 어린 쥐돔은 어미와는 달리 꼬리가 희다.

형태: 몸은 좌우로 납작하며, 입이 작고 뾰족하며 입술은 두툼하다. 어릴 때는 꼬리가 희지만 자라면서 검게 변해 성어가 되면 전체적으로 회흑색을 띤다. 꼬리자루에 앞쪽으로 향한 날카로운 검은색 가시가 2개 있다. 몸길이는 50cm 내외이다.

생태: 난류 영향을 받고 암초가 잘 발달한 해역의 수심 5~30m 바닥에 몇 마리씩 모여 산다. 작고 날카로운 이빨로 석회조류, 새우, 게, 갯지렁이 등을 먹는다. 어린 새끼들은 초여름 해조류가 있는 해역 표층에서 플랑크톤처럼 부유생활을 하면서 성장하다가 바닥층으로 내려간다. 이 시기에 꼬리자루에 가시가 발달하면서 급속히 변태하여 성어와 비슷한 형태를 갖추게 된다.

분포: 우리나라 남해와 제주도, 일본, 타이완 등지에 분포한다.

기타 특성: 꼬리자루의 날카로운 돌기가 외과 수술용 칼과 같이 생겼다 하여 '서전피시 (surgeon fish, 외과의사고기)'라고도 부른다. 꼬리자루의 가시에 독은 없지만 매우 날카로워 만질 때 조심하지 않으면 손을 다치기 쉽다. 살에서 독특한 냄새가 나서 싫어하는 사람도 있지만, 살이 단단하고 고유의 맛이 있어 회로 먹기도 한다.

표문쥐치 양쥐돔과 | 농어목

학명: *Naso unicornis*
외국명: Nosefish (영); テングハギ(tenguhagi) (일)

▶▶ 꼬리자루에 날카로운 돌기가 2개 있다.

형태: 등이 높고 꼬리 쪽이 가늘어 전체적으로 타원
형을 이루며 좌우로 납작하다. 몸은 회색, 회갈색을 띠며 꼬리자루 양 측면에 푸른색을
띠는 날카로운 칼 모양의 돌기가 2개씩 있다. 머리의 눈 앞쪽에는 툭 튀어나온 돌기물
이 있다. 성어가 되면 꼬리지느러미의 양끝 줄기가 실처럼 길게 자란다. 몸길이는 60cm
내외이다.

생태: 우리나라 해역에서의 생태 자료는 거의 없으며, 열대 해역에서는 어릴 때 해조류
가 자라는 내만의 얕은 곳이나 민물이 들어오는 바다와 강이 만나는 곳에서 생활하다가
성어가 되면 산호초, 암초가 직벽을 이루는 앞바다로 이동한다. 주로 연한 해조류를 갉
아먹는다.

분포: 우리나라 제주도, 일본 남부에서 인도양, 태평양 산호초 해역에 분포한다.

기타 특성: 우리나라에서는 흔치 않지만, 열대 바다에서는 쉽게 만날 수 있는 종이다.
맛이 있어 횟감 등 수산 식품으로 이용한다.

농어목 | 꼬치고기과 **애꼬치**

학명: *Sphyraena japonica*

외국명: Sea pike, barracuda (영); ヤマトカマス(yamatokamasu) (일)

형태: 몸은 긴 원통형이며, 주둥이는 길고 뾰족하다. 등은 회갈색이고 배는 흰색을 띤다. 위턱보다 아래턱이 앞쪽으로 더 돌출되어 있으며 양턱에는 날카로운 송곳니가 발달해 있다. 배지느러미가 등지느러미보다 약간 뒤에 있는 것으로 다른 꼬치고기류와 구분한다. 몸길이는 35cm 내외가 흔하다.

생태: 연안의 얕은 암초 지대에서 만날 수 있다. 육식성 어종이며 특히 물고기를 즐겨 먹는다. 산란은 초봄에 이루어지며, 부화한 새끼는 초기 성장이 매우 빨라서 부화한 지 4개월이면 몸길이가 15~18cm로 자란다.

분포: 우리나라 남해와 동해, 일본 남부, 남중국해에 분포한다.

기타 특성: 몸집이 크고 날카로운 이빨로 열대 바다에서 유명한 바라쿠다(barracuda)와 같은 과에 속하며, 몸과 주둥이 형태 등이 닮았다. 꼬치고기, 창꼬치 등과 함께 어시장에서 볼 수 있으나 수산 어종으로는 중저급에 속한다.

갈치 갈치과 | 농어목

학명: *Trichiurus lepturus* 지방명: 갈치, 풀치
외국명: Large head hairtail (영); タチウオ(tachiuo) (일)

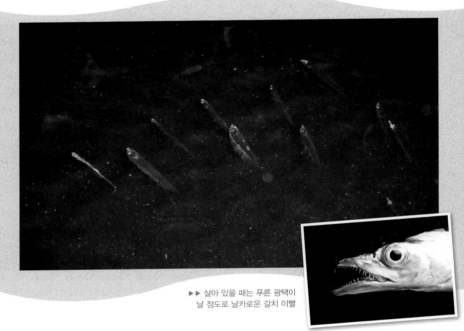

▶▶ 살아 있을 때는 푸른 광택이
날 정도로 날카로운 갈치 이빨

형태: 몸은 칼처럼 길고 날카로우며 꼬리가 머리카락
처럼 길게 늘어져 있다. 주둥이가 뾰족하고 아래턱이 위턱보다 돌출되어 있으며 양턱과
입천장에 날카로운 송곳니들이 발달해 있다. 몸길이는 1~1.5m이다.

생태: 어릴 때는 연안이나 만 안쪽으로 들어와 생활하다가 자라면서 앞바다로 이동한
다. 무리를 짓는 습성이 강하며 낮과 밤에 먹이를 따라 수직 이동한다. 물속에서는 머
리를 위로 하여 서 있는 습성이 있다. 낮에는 바닥층에 머물다가 밤이 되면 먹이를 사
냥하러 얕은 곳으로 올라온다. 물고기를 먹는 육식성 어종이며 서로의 꼬리를 잘라 먹
기도 한다. 산란은 봄에서 가을까지 이루어지며, 앞바다에서 낳은 알은 표층에 떠다니
면서 부화한다.

분포: 우리나라 전 연안, 전 세계 온대 · 아열대 바다에서 널리 서식한다.

기타 특성: 우리나라에서는 거문도와 제주도 연안에 어장이 형성되며, 동중국해에서도
어획량이 많다. 먹이를 따라 몰려드는 습성을 이용하여 야간에 불을 켜 놓고 주낙으로
잡기도 한다.

농어목 | 고등어과 **점다랑어**

학명: *Euthynnus affinis* 지방명: 점다랭이, 참치
외국명: Black skipjack, bonito, Mackerel tuna (영); スマ(suma) (일)

▶▶ 가슴지느러미 아래에 검은색
점이 4~5개 있는 것이 특징이다.

형태: 몸이 통통한 방추형에 가다랑어를 닮았다. 등은
군청색, 배는 은백색이며, 가슴지느러미 아래쪽에 검은
색 점이 4~5개 있다. 머리의 눈 뒤, 몸통의 가슴 부위, 옆줄 부근에 매우 작은 비늘이
있는 것을 제외하고는 몸에 비늘이 없다. 몸길이는 1m까지 자라지만 제주도 연안에서
는 40~50cm급이 흔하다.

생태: 표층에서 수심 200m까지 수층의 따뜻한 바다에서 서식한다. 비교적 먼 거리를
이동하며 살아가는 습성이 있고, 어릴 때는 연안이나 만 안쪽으로 들어오기도 한다. 다
른 고등어과 물고기들과 섞여 500~1000마리가 무리를 이루기도 한다. 작은 물고기, 오
징어 등을 잡아먹는다.

분포: 우리나라 남해, 인도양, 태평양의 열대 바다에 분포한다.

기타 특성: 우리나라에서는 자원량이 적어 크게 인기가 없지만 통조림, 염장, 건어물
등 다양한 수산 식품의 원료로 사용된다.

241

가다랑어 고등어과 | 농어목

학명: *Katsuwonus pelamis* 지방명: 카토, 가다랭이
외국명: Skipjack, skipjack tuna (영); カツオ(katsuo) (일)

형태: 몸은 전형적인 방추형이다. 등 쪽은 검은빛을 띠는 청색, 배는 은백색이다. 죽으면 배 쪽에 검은색 세로띠가 4~10줄 나타난다. 크기는 몸길이 1.2m, 몸무게 20kg 정도이다.

생태: 온대와 열대 해역의 먼바다에서 서식하는 어종으로 표층을 회유하며 일생 동안 먼 거리를 이동한다. 몸길이가 40~45cm로 자라면 처음으로 산란하는데, 산란기는 여름으로 알려져 있으나 크기와 계절에 따라서 시기와 해역이 다르다. 멸치, 날치, 전갱이, 고등어, 참치 새끼 등을 먹지만 오징어, 게, 새우 등을 먹기도 한다.

분포: 우리나라 남해와 동해를 포함하는 전 세계의 열대 · 온대 바다에 널리 분포한다.

기타 특성: 시속 40~50km의 속도로 빠르게 이동하는 종으로, 스페인에서는 '멋진 녀석'이란 뜻의 '보니토(bonito)'라고 부른다. 우리나라 연안에서 잡은 것을 날로 먹으면 복통과 설사를 일으킨다고 알려져 있다.

농어목 │ 고등어과 # 고등어

학명: *Scomber japonicus* 지방명: 고도리
외국명: Chub mackerel, Common mackerel (영); マサバ(masaba) (일)

▶▶ 어린 고등어는 어미보다
몸매가 훨씬 날씬하다.

형태: 몸은 긴 방추형이며 등은 청록색, 배는 은빛을 띤다. 등 쪽에 구불구불한 검은색 물결무늬가 있다. 입은 큰 편이며, 아래위턱에 60여 개씩 작은 원추형 이빨이 있고 입 속에도 작은 이빨들이 나 있다. 몸 옆면에 작은 비늘이 있으나 떨어지기 쉽다. 몸길이는 40cm 내외이다.

생태: 수온이 10~22℃인 따뜻한 바다를 좋아한다. 2~3월경 제주도 연안에 출현하여 차츰 북쪽으로 이동하여 남해안에서 여름을 보내고, 늦가을에 월동하러 남쪽으로 다시 돌아가는 회유성 어종이다. 수심이 200~300m인 남쪽 바다에서 겨울을 난 후 이듬해 봄에 다시 북상한다. 산란기는 5~7월로 앞바다로 몰려와 알을 낳는다. 동물플랑크톤, 작은 물고기, 새우, 게와 같은 갑각류, 오징어 등을 잡아먹는다.

분포: 우리나라 전 연안, 유럽의 지중해, 뉴펀들랜드에서 호주, 뉴질랜드까지 세계적으로 널리 분포한다.

기타 특성: 조림, 찌개, 구이 등 다양하게 요리한다. 최근에 양식을 하면서 생선회로도 즐긴다.

망치고등어 고등어과 | 농어목

학명: *Scomber australasicus* 지방명: 고도리

외국명: Blue mackerel, Spotted chubmackerel (영); ゴマサバ(gomasaba) (일)

▶▶ 망치고등어 배 쪽에는
둥근 점들이 빼곡하다.

형태: 체형은 구분이 힘들 정도로 고등어와 거의 같으며, 몸 색 역시 비슷하지만 배 쪽에 회흑색, 회색 둥근 점들이 밀집해 있어 구분된다. 몸의 횡단면이 고등어보다 더 둥글며, 몸 옆면의 비늘 수가 185~195장으로 210~220장인 고등어보다 적다. 몸길이는 40cm 내외이다.

생태: 고등어보다 따뜻한 바다를 좋아하는 남방 어종이며, 고등어나 정어리와 함께 주로 표층과 수심 200~300m에서 서식한다. 야행성이 강하며, 빛에 잘 모이는데 특히 백색광을 좋아한다. 떼를 지어 생활하며 따뜻한 물과 찬물이 합쳐지는 곳에 서식 밀도가 높다. 입을 크게 벌리고 동물플랑크톤을 걸러 먹거나 작은 물고기, 새우, 게 등 갑각류, 오징어 등을 잡아먹기도 한다.

분포: 우리나라 전 연안, 유럽의 지중해, 뉴펀들랜드에서 호주, 뉴질랜드까지의 수역에서 서식하는 등 세계적으로 널리 분포한다.

기타 특성: 고등어와 형태가 매우 닮아서 수산 시장에서 같은 종으로 취급하기도 하지만, 『자산어보』에는 고등어는 '벽문어(碧紋魚)', 망치고등어는 '배학어(拜學魚)'로 구분하여 소개한다.

참다랑어 고등어과 | 농어목

학명: *Thunnus orientalis*　지방명: 참다랭이, 참치
외국명: Pacific bluefin tuna (영); クロマグロ(kuromaguro) (일)

▶▶ 참다랑어는 빠른 속도로 헤엄치기 좋은
전형적인 방추형 몸매이다.

형태: 몸은 매끄러운 방추형이며 검은색을 띠고 눈과 가슴지느러미가 작은 것이 특징이다. 가슴지느러미, 배지느러미, 제1등지느러미는 몸의 홈 속에 접어 넣거나 붙을 수 있도록 진화하여 빠르게 헤엄칠 때 마찰력을 최소화한다. 등 쪽 일부에만 작은 둥근비늘이 덮여 있다. 등지느러미, 뒷지느러미와 꼬리지느러미 사이에 작은 토막지느러미가 8~9개씩 발달해 있다. 몸길이는 450cm로 대형 어종이다.

생태: 온대 해역에서 서식하는 표층성 회유 어종으로 알려져 있지만 수심 200m까지 내려가기도 한다. 봄부터 여름에 걸쳐 필리핀 연안에서 북상하면서 산란한다. 봄에 제주도 남부 해역에서 서서히 북상하기 시작해 남해를 거쳐 여름에는 일본 홋카이도, 사할린 연안까지 올라간다. 일부는 태평양을 건너 미국 알래스카 연안에서 멕시코 서부 연안에까지 진출하기도 한다. 가끔 다른 어종들과 섞여서 이동하기도 하며, 시속 100km 이상의 순간 속도를 낼 수 있다. 주로 고등어, 멸치, 가다랑어 등 물고기를 잡아먹는다.

분포: 우리나라 제주도 연안, 남해와 동해, 태평양 온대 해역에서 서식한다.

기타 특성: 참다랑어는 1종(*Thunnus thynnus*) 3아종으로 취급하여 왔으나, 최근 태평양참다랑어(Pacific bluefin tuna, *Thunnus orientalis*), 대서양참다랑어(Northern bluefin tuna, *Thunnus thyunnus*), 호주 연안의 남방참다랑어(Southern bluefin tuna, *Thunnus maccoyii*) 3종으로 각각 구분해 재분류한다. 다랑어 중 최고급 어종이며, 겨울철에 가장 맛이 있다. 흔히 횟집에서 '혼마구로(일본 이름)'라고 부르는데, 우리 이름으로 부르는 것이 좋겠다.

백다랑어 고등어과 | 농어목

학명: *Thunnus tonggol* 지방명: 백다랭이, 참치
외국명: Longtail tuna (영); コシナガ(koshinaga) (일)

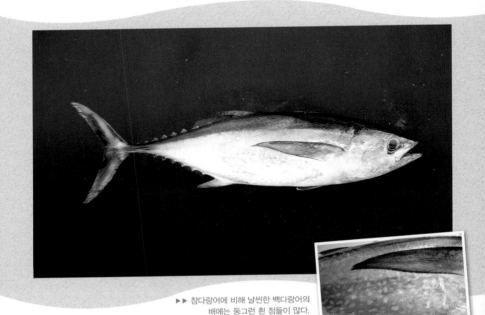

▶ ▶ 참다랑어에 비해 날씬한 백다랑어의
배에는 동그런 흰 점들이 많다.

형태: 몸은 방추형이며 다랑어 중에서 꼬리가 날씬하고
길쭉한 편이다. 몸의 옆면 밑부분에는 작은 원형 또는 타
원형의 흰 점들이 밀집해 있으며 이 흰 점의 크기나 나열 형태로 다른 종과 구분할 수
있다. 몸길이는 최대 1.4m 정도도 있지만 대개 1m 정도로 다랑어류 중에서는 소형 어
종이다.

생태: 남방계 다랑어로 열대 해역에서 서식한다. 우리나라에서는 쓰시마 난류의 영향
을 많이 받는 여름과 가을철에 어린 개체들을 남해안에서 볼 수 있다. 고등어, 전갱이
등 다양한 물고기, 오징어 등을 잡아먹는다.

분포: 우리나라 제주도와 남해, 홍해, 인도양, 남서 태평양, 호주 연안 등지에서 서
식한다.

기타 특성: 제주도나 남해안 포구 어시장에 가끔 나오지만 가다랑어만큼 인기가 없다.
주로 냉동이나 염장을 하거나 통조림으로 가공한다.

농어목 | 황새치과 **돛새치**

학명: *Istiophorus platypterus*

외국명: Pacific sailfish Indo-Pacific sailfish (영); バショウカジキ(basyōkajiki) (일)

▶▶ 돛새치의 큰 등지느러미에
검은색 반점들이 있다.

형태: 몸은 긴 원통형이며 좌우로 약간 납작하다. 몸 색은 등 쪽이 청흑색, 배 쪽은 약간 푸른빛을 띠는 은백색이다. 위턱이 앞으로 길고 뾰쪽하게 돌출되어 있다. 큰 돛처럼 생긴 등지느러미는 가운데 부분이 높고 검은색 점들이 흩어져 있다. 크기는 몸길이 3.5m, 몸무게가 100kg에 달한다.

생태: 표층에서 수심 200m까지 생활한다. 우리나라에서는 여름에 난류를 따라 북상했다가 가을이면 남쪽으로 이동한다. 긴 주둥이와 큰 등지느러미를 사용하여 멸치, 정어리, 전갱이 같은 작은 물고기를 몰아 사냥한다. 큰 등지느러미는 사냥할 때와 급히 방향을 바꿀 때 유용하다. 몸길이 150cm가 되면 알을 낳기 시작하는데, 온대 바다에서는 여름에 암컷 한 마리가 한 번에 200만~500만 개의 알을 낳는다.

분포: 우리나라 제주도와 남해에 출현하며 대서양을 제외한 인도양, 태평양, 홍해, 호주 연안 등 열대 해역에 분포한다.

기타 특성: 시속 100km가 넘는 속도로 헤엄치는 지구상에서 아주 빠른 어종에 속한다. 특별한 구분 없이 회로 먹으며 특히 여름철에 맛이 좋다.

샛돔 샛돔과 | 농어목

학명: *Psenopsis anomala*
외국명: Pacific rudderfish, Butterfish, Melon seed (영); イボダイ(ibodai) (일)

▶▶어린 샛돔은 해파리와 함께 어울려 지낸다.

형태: 몸은 타원형이며 납작하고, 살아 있을 때는 은청색의 광택을 띤다. 아가미뚜껑 위에 검은색 반점이 있다. 피부는 매우 얇으며 벗겨지기 쉬운 둥근 비늘로 덮여 있다. 어린 시기에는 등이 높고 등지느러미와 뒷지느러미가 크며, 해파리와 함께 다니는 물릉돔이나 연어병치의 어린 새끼와 닮았다. 몸길이는 30cm 내외이다.

생태: 수심 300m인 바닥에 산다. 어릴 때에는 표층을 떠다니는 해파리의 촉수 아래에서 부유생활을 하며 플랑크톤을 먹는다. 성장함에 따라 새우, 갯지렁이류를 먹는다. 몸길이가 15cm로 자라면 성숙하여 산란을 시작하는데, 산란기는 봄철이다.

분포: 우리나라 제주도, 남해와 황해, 일본 중남부, 동중국해, 중국 남부 하이난섬, 홍콩 연안까지 널리 분포한다.

기타 특성: 대형 해파리의 촉수 주변에 머물면서 이동하기 때문에 스쿠버다이버들에게 인기가 있다. 흰 살이 부드럽고 맛있어 어시장에서도 종종 만날 수 있다.

250

농어목 | 노메치과 # 물릉돔

학명: *Psenes pellucidus* 지방명: 해파리고기
외국명: Bluefin driftfish, Black rag (영); ハナビラウオ(hanabirauo) (일)

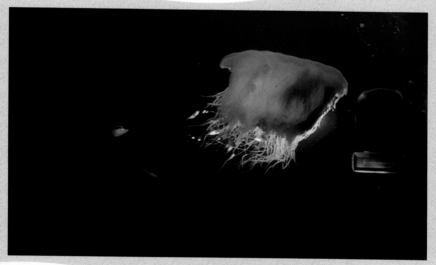

▲▲ 해파리 근처에 있는 어린 물릉돔

형태: 몸이 부드럽고 납작하며, 어릴 때는 등이 높지만 자라면서 낮아진다. 어릴 때는 몸이 반투명하고 뭉툭한 주둥이와 넓은 지느러미가 인상적이며 종종 해파리의 촉수 사이에서 볼 수 있다. 몸길이는 80cm 정도까지 성장하는 것으로 알려져 있다.

생태: 어릴 때는 해파리나 떠다니는 해조들과 함께 떠다니면서 자란다. 먼바다에서 살아가는 어종으로 성어가 되면 수심이 1000m에 이르는 깊은 바다의 바닥층으로 내려간다. 플랑크톤이나 작은 어류를 먹고 산다.

분포: 우리나라 남해와 제주도, 일본에서 미국 서부 연안까지의 태평양, 대서양, 지중해에서 널리 서식한다.

기타 특성: 해파리와 함께 다녀서 수중 사진작가들에게 좋은 소재가 된다.

병어
병어과 | 농어목

학명: *Pampus argenteus*
외국명: Silver pomfret (영); マナカツオ(managatsuo) (일)

▶▶ 병어의 옆줄 위에는 독특한 긴 주름 무늬가
있는데 이것으로 덕대와 구분을 한다.

형태: 몸은 마름모꼴이며, 몸 색은 등이 옅은 푸른빛을 띠고 나머지 부분은 은백색을 띤다. 아가미뚜껑 선은 일반 어류들처럼 턱 아래까지 이어져 있지 않으며, 옆줄이 시작되는 부분에 독특한 주름 무늬가 있다. 입이 매우 작고 입술이 없다. 등지느러미와 뒷지느러미는 낫 모양이고 꼬리지느러미는 아래위로 깊게 갈라진 형이다. 몸길이는 60cm까지 자라며, 같은 과의 덕대보다 대형종이다.

생태: 수온 9~25℃, 수심 40~130m를 회유하는 어종으로, 겨울에는 제주도 남쪽 동중국해에서 월동을 하고 봄이 되면 중국 연안, 우리나라 서해안, 남해안으로 이동한다. 곤쟁이류, 단각류, 요각류, 다모류, 해파리류 등을 먹고 산다. 몸길이가 22cm로 자라면 성숙하여 알을 낳기 시작하며 산란기는 7~9월이다.

분포: 우리나라 동해 남부, 남해, 황해, 동중국해의 중남부, 남중국해, 인도양의 아열대 해역까지 널리 분포한다.

기타 특성: 덕대(*Pampus echinogaster*)와 형태가 비슷해 같은 종으로 착각하기도 한다. 아가미뚜껑 선이 짧고, 옆줄 아래위의 주름 무늬가 덕대보다 넓고 뒤쪽으로 이어지면서 가늘어지는 것으로 구분한다. 횟감으로도 인기가 좋다.

깃털넙치(가칭) 둥글넙치과 | 가자미목

학명: *Asterorhombus intermedius*

외국명: Intermediate flounder (영); セイテンビラメ(seitenbirame) (일)

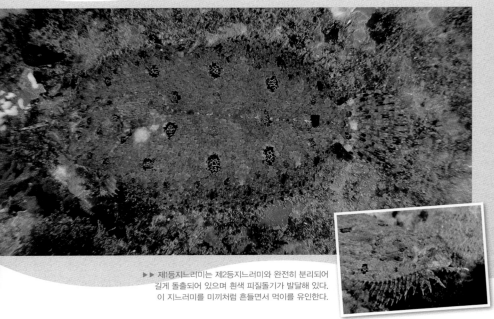

▶▶ 제1등지느러미는 제2등지느러미와 완전히 분리되어 길게 돌출되어 있으며 흰색 피질돌기가 발달해 있다. 이 지느러미를 미끼처럼 흔들면서 먹이를 유인한다.

형태: 몸은 넙치와 비슷하지만 제1등지느러미 가시가 등지느러미와 분리되어 길게 돌출해 있으며 흰색 돌기가 달려 있다. 가슴지느러미를 제외한 다른 지느러미 위에 검은색과 흰색 반점들이 발달해 있다. 몸길이는 20cm 내외로 소형이다.

생태: 얕은 연안에서 100m 수심대까지 모래나 모래펄 바닥에서 서식한다. 끝에 흰색 돌기가 달린 제1등지느러미의 가시는 먹이를 유인하는 루어(속임수 미끼) 역할을 하는 것으로 알려져 있다. 작은 물고기, 새우, 게 등을 잡아먹는다.

분포: 우리나라 제주도, 인도양, 호주 북부의 열대 바다에 분포한다.

기타 특성: 흔하지 않은 종이지만 스쿠버다이버들에게는 좋은 소재가 된다. 우리나라에서는 사진으로만 서식이 확인된 종이다.

학명: *Paralichthys olivaceus* 지방명: 광어
외국명: Bastard halibut, Olive flounder (영); ヒラメ(hirame) (일)

▶▶ 어린 넙치는 얼핏 보면 가자미 새끼처럼 보이지만
눈의 위치와 커다란 입을 보고 구분할 수 있다.

형태: 몸은 긴 타원형으로 좌우로 납작하며, 눈이 있
는 쪽은 흑갈색, 황갈색, 녹갈색 바탕에 흰색 반점이 있고 눈이 없는 쪽은 흰색이다. 몸
색은 주위 환경에 따라 변한다. 눈이 왼쪽으로 몰려 있고, 입은 매우 큰 편이며 양턱에
는 강한 송곳니가 한 줄로 줄지어 있다. 몸길이는 1m가 넘는다.

생태: 수심 30∼200m 바닥에 살지만 어릴 때는 수심 5∼20m의 얕은 곳에서도 만날 수
있다. 봄에 가까운 연안으로 나와 산란을 하는데, 한 번에 40∼50만 개 정도의 알을 밤
에 낳는다. 부화 직후에는 플랑크톤처럼 부유생활을 하다가 몸길이가 1.5cm일 때 두 눈
이 한쪽으로 몰리면서 바닥으로 내려간다. 식성은 어릴 때 플랑크톤을 먹다가 성장하면
새우, 게, 오징어, 물고기를 먹는 육식성으로 바뀐다.

분포: 우리나라 전 연안, 일본, 동중국해에서 서식한다.

기타 특성: '광어'란 한자 이름이 더 익숙한 중요 양식 대상종이며 고급 횟감이다. 두 눈
이 몸의 왼쪽으로 쏠려 있어 오른쪽으로 쏠린 가자미류와 구별할 수 있다.

점넙치 넙치과 | 가자미목

학명: *Pseudorhombus pentophthalmus*
외국명: Fivespot flounder (영); タマガンゾウビラメ(tamaganazōbirame) (일)

▶▶ 다른 가자미류와는 달리 입이 크고,
몸 전체에 작은 검은 반점들이 나 있다.

형태: 몸은 등이 높은 타원형이며, 몸 색은 눈이 있는
쪽이 옅은 갈색을 띤다. 눈은 몸의 왼쪽으로 몰려 있으
며, 입이 크고 위쪽을 향해 열린다. 옆줄 아래위로 눈처럼 생긴 흰 테가 있는 검은색 둥
근 점 2개가 마주 보고 있으며, 등 쪽에 2개의 점과 그 뒤로 하나가 더 있어 모두 5개가
있다. 이 점들보다 작은 검은색 점들이 몸 전체에 흩어져 있다. 몸길이는 20cm 내외로
소형 넙치류다.

생태: 대륙붕의 수심 30~150m 모래펄, 조개껍질이 섞인 모래 바닥에서 서식하는 어종
이다. 작은 새우, 게 등 갑각류나 물고기를 잡아먹는다. 10cm 정도로 자라면 성숙하여
알을 낳기 시작하며 산란기는 봄철로 알려져 있다.

분포: 우리나라 전 연안, 일본, 중국, 서태평양에 분포한다.

기타 특성: 그물로 바닥을 훑는 방식으로 어획하는 수산 어종으로, 신선한 상태나 염
장 또는 건조하여 유통한다.

256

가자미목 | 가자미과 **도다리**

학명: *Pleuronichthys cornutus*　지방명: 담배도다리
외국명: Gidged-eye flounder, Fine-spotted flounder, Frog flounder (영); メイタガレイ(meitagarei) (일)

▶▶ 돌출되어 있는 눈 사이에 쌀알같이
생긴 골질돌기가 있다.

형태:　몸은 등이 높은 마름모꼴이며, 눈이 있는 쪽은
자갈색, 황갈색 바탕에 크고 작은 구름 모양의 반점들
이 흩어져 있다. 주둥이 끝에 튀어나와 있는 두 눈 사이에 짧은 골질돌기가 있다. 몸길
이는 20~30cm이다.

생태:　제주도 남쪽 해역에서 월동을 하고 봄이 되면 북쪽으로 이동한다. 암컷은 몸길이
가 20cm 이상 자라면 산란하는데, 가을에서 겨울에 걸쳐 여러 차례 알을 낳는다. 갯지렁
이, 조개, 동물플랑크톤 등을 먹는다.

분포:　우리나라 전 연안, 일본 홋카이도 이남, 중국 발해만, 동중국해에서 서식한다.

기타 특성:　비교적 먼바다에서 어획하기에 시장에서는 살아 있는 것을 보기 어렵다.

물가자미 가자미과 | **가자미목**

학명: *Eopsetta grigorjewi* 지방명: 참가재미
외국명: Shotted halibut, Roundnose flounder (영); ムシガレイ(mushigarei) (일)

▶▶ 황갈색을 띠는 눈이 있는 쪽의 몸 색과는
달리 눈이 없는 쪽은 몸 색은 흰색이다.

형태: 몸은 납작하고 긴 타원형이다. 눈이 있는 쪽은 옅은 황갈색을 띠고 몸의 옆면 위아래로 3쌍의 둥근 무늬가 옆줄을 마주 보고 발달해 있다. 몸길이는 60cm 내외이다.

생태: 얕은 연안에서 수심이 1300m인 깊은 수심대까지 모래펄 바닥에서 생활하며, 아열대 해역에 많다. 동물플랑크톤, 새우, 게, 오징어류나 작은 물고기를 먹는다.

분포: 우리나라 전 연안, 일본, 대만, 동중국해에 분포한다.

기타 특성: 말려 먹는 가자미류의 한 종으로, 맛이 좋아 남해안 어시장에서는 참가자미라고도 부를 만큼 가자미류 중에서는 고급 어종이다.

학명: *Aesopia cornuta*

외국명: Unicorn sole (영); ツノウシノシタ(tsunoushinoshita) (일)

형태: 몸은 긴 타원형이며, 외형상으로는 궁제기서대나 노랑각시서대와 비슷하다. 몸 색은 전체적으로 황갈색을 띠며, 주둥이에서 꼬리자루까지 흑갈색 띠가 13개 내외로 발 달해 있다. 제1등지느러미 줄기가 길게 뻗어 있고 표면에 피질돌기들이 나 있어 이 모 습에서 뿔서대라는 이름이 붙여졌다. 등지느러미와 뒷지느러미는 꼬리지느러미와 연결 되어 있다. 몸길이는 최대 25cm이다.

생태: 따뜻한 바다에서 서식하는 열대 · 아열대성 어종으로, 수심 100m 내외의 모래, 모래펄 바닥에서 생활한다. 성장은 느린 편으로 부화 2년 만에 10cm가 되며, 몸길이가 15cm 정도로 자라면 알을 낳는다. 알은 봄부터 여름에 걸쳐 낳는데 흩어져 표층에 떠다 닌다. 갯지렁이, 조개류, 새우, 게, 동물플랑크톤 등을 잡아먹는다.

분포: 우리나라 제주도 연안, 호주 북부 연안, 인도양, 홍해, 남아프리카 등지에 널리 분포한다.

기타 특성: 제1등지느러미 줄기에 발달한 돌기들이 감각기관의 기능을 한다.

노랑각시서대 납서대과 | 가자미목

학명: *Zebrias fasciatus* 지방명: 각시서대
외국명: Many-banded sole (영); オビウシノシタ(obiushinoshita) (일)

▶▶ 노랑각시서대 꼬리지느러미 위에
노란색의 화려한 반점들이 있다.

형태: 몸은 옅은 황갈색을 띠며 몸 전체에 20여 개
의 갈색 가로띠가 발달해 있다. 가로띠는 등지느러미, 뒷지느러미 위로 이어지는데 지
느러미 위에서는 검은색을 띤다. 등지느러미, 뒷지느러미와 꼬리지느러미는 경계 구분
없이 연결되어 있어 이 부위들이 떨어져 요철이 있는 각시서대와 구분된다. 지느러미
가장자리는 검은색이며, 꼬리지느러미 위에는 5~6개의 노란색 반점이 있다. 눈은 오른
쪽에 있다. 몸길이는 20~25cm급이 흔하다.

생태: 연안에서 수심 100m 정도인 대륙붕의 모래펄 바닥에서 서식하며 야행성이 강한
것으로 알려져 있다. 산란기는 우리나라 서해에서는 5~6월이며, 지름이 1.5mm 정도의
표층에 뜨는 알을 낳는다. 단각류 등 동물플랑크톤, 갯지렁이류, 소형 갑각류 등을 잡
아 먹는다.

분포: 우리나라 남해와 서해 연안, 발해, 동중국해에 분포한다.

기타 특성: 화려한 몸 색으로 눈길을 끄는 반면, 저인망 그물로 잡아 어시장에 나오지
만 식용어로는 인기가 낮다.

260

가자미목 | 납서대과 # 궁제기서대

학명: *Zebrias zebrinus*

외국명: Blend-banded sole, Striped sole (영); シマウシノシタ(shimaushinoshita) (일)

형태: 몸 형태와 몸 색은 노랑각시서대와 매우 비슷하나, 뒷지느러미 줄기수가 56~70 개로 70~78개인 노랑각시서대보다 적은 것으로 구분한다. 등지느러미와 뒷지느러미가 꼬리지느러미와 연결되어 있어 분리된 각시서대와는 구분되며, 꼬리지느러미 위에 화려한 노란색 점무늬가 있다. 몸길이는 25cm 내외이다.

생태: 연안에서 수심 100m 내외까지 모래나 모래펄 바닥에서 서식한다. 먹이로는 갯지렁이, 소형 갑각류, 동물플랑크톤 등을 먹는다. 산란기는 가을이며, 몸길이가 15cm쯤 되면 산란을 한다. 알에서 부화한 지 1년 후 7cm, 3년 후는 13cm로 성장이 느린 편이다.

분포: 우리나라 남해안, 일본 남부와 남서 태평양, 인도양의 따뜻한 바다에서 서식한다.

기타 특성: 몸 색이 화려한 종으로, 물속 사진을 찍는 수중 사진작가들에게 좋은 모델이 되어 준다.

칠서대 참서대과 | **가자미목**

학명: *Cynoglossus interruptus*   지방명: 서대
외국명: Mottled tonguefish (영); ゲンコ(genko) (일)

형태: 몸은 소 혓바닥같이 생겼으며, 눈이 있는 쪽의 몸 색은 옅은 적갈색 바탕에 가운데가 비어 있는 크고 작은 불규칙한 둥근 갈색 무늬가 발달해 있다. 비늘은 크고 거친 편이며, 옆줄은 두 줄이다. 몸길이가 20cm 내외인 소형 어종이다.

생태: 얕은 연안에서 수심 150m의 모래펄, 조개껍질이 섞인 모래 바닥에서 서식한다. 부화한 지 만 1년이 지나 몸길이가 7cm 정도 되면 성숙하여 산란할 수 있으며, 산란기는 여름철이다. 갯지렁이, 소형 새우, 계류 등을 잡아먹는다. 몸길이는 3년 만에 13cm 정도로 자라며 최대 17cm까지 자란다.

분포: 우리나라 남해와 제주도, 일본 홋카이도 이남에서 남중국해까지 널리 분포한다.

기타 특성: 유사종인 참서대나 개서대보다 맛이 없고 소형 종이라 수산 어종으로는 인기가 낮다.

흑대기 참서대과 | 가자미목

학명: *Paraplagusia japonica*   지방명: 서대

외국명: Black cow tongue, Black tonguefish (영); クロウシノシタ(kuroshinoshita) (일)

▶▶ 눈이 없는 쪽의 몸 색이 흰색일 경우 지느러미도
흰색인 경우가 많은데 흑대기는 검은색을 띤다.

형태: 몸 형태는 소 혓바닥을 닮았으며 등지느러미, 뒷지느러미와 꼬리지느러미가 연결되어 있으며 꼬리지느러미가 뾰족하다. 눈이 있는 쪽은 자색 또는 청갈색이며 검은 점이 흩어져 나 있다. 눈이 있는 쪽의 지느러미가 모두 검은색인 것에서 흑대기라는 이름이 붙여졌다. 비늘은 넙치처럼 눈이 있는 쪽은 빗비늘, 눈이 없는 쪽은 둥근 비늘로 떨어지기 쉽다. 입가에 작은 돌기물이 발달한 입은 갈고리 모양으로 휘어져 있다. 몸길이는 30cm 내외이다.

생태: 수심 20~60m인 얕은 모래펄 바닥의 연안에서 생활하는데, 유사종인 용서대 (*Cynoglossus abbreviatus*)보다는 약간 더 남쪽 해역에서 서식한다. 부화한 지 만 1년이면 12cm 정도, 3년이면 27cm 정도 자라는데, 2년쯤 되어 20cm 이상 자라면 산란할 수 있다. 겨울에 깊은 바다로 이동해 생활하다 봄이 되면 얕은 연안으로 나와 산란을 한다. 동물플랑크톤, 작은 새우, 게류, 조개류, 작은 어류, 갯지렁이 등을 먹는 육식성 어종이다.

분포: 우리나라 남해, 동중국해, 일본 홋카이도 남부에서 서식한다.

기타 특성: 서대류는 몸이 검은색 계열보다는 갈색을 띠는 종이 맛있는 것으로 알려져 있는데, 이 종은 참서대나 개서대보다 맛이 떨어지는 편이다. 겨울에 꾸덕꾸덕하게 말려서 찌거나 구워 먹는다.

날개쥐치 쥐치과 | 복어목

학명: *Aluterus scriptus*

외국명: Scribbled leatherjacket filefish, Scrawled filefish (영); ソウシハギ(soshihagi) (일)

형태: 몸은 긴 타원형으로 납작하며 녹회색, 녹황색 바탕에 아름다운 푸른색 반점과 물결무늬가 온몸에 흩어져 있다. 꼬리지느러미가 크며 부채 모양이다. 해조류 사이에 몸을 숨기는 습성이 있다. 몸길이는 50cm까지 자라는 대형 쥐치류이다.

생태: 열대 해역의 먼바다와 접한 수심 20m 정도의 직벽에서 자주 관찰되고, 가끔은 수면에 떠다니는 물체 아래에서 발견된다. 어린 치어들은 대양을 떠다니는 해조류 아래에서 몸집이 커질 때까지 지낸다. 해조나 해초류, 말미잘 등을 먹는다. 몸길이는 110cm에 이르나, 우리나라 연안에서는 주로 20~30cm의 어린 개체들이 발견된다.

분포: 우리나라 서해와 남해 그리고 동해 중부 이남, 일본 중부 이남, 남아프리카, 미국 캘리포니아, 콜롬비아, 캐나다, 멕시코 만에서 브라질까지 거의 전 세계 바다에 분포한다.

기타 특성: 화려한 몸 색과 커다란 꼬리지느러미가 매우 아름다우며 낚시에 자주 낚인다. 몸에 독이 있어 식중독을 일으키므로 식용하면 안 된다.

복어목 | 쥐치과 # 새양쥐치

학명: *Paramonacanthus japonicus*

외국명: Hairfinned leatherjacket, Striped filefish (영); ヨソギ(yosogi) (일)

▶▶ 새양쥐치 암컷은 꼬리지느러미의 가장자리가 둥근형이며 수컷처럼 길게 뻗은 줄기가 없다.

▲▲ 새양쥐치 수컷

형태: 몸은 등이 낮은 긴 타원형이다. 몸 색은 회갈색을 띠며 불규칙하고 짙은 얼룩무늬가 있다. 주둥이 위쪽 윤곽이 약간 오목하다. 수컷은 꼬리지느러미의 아래 위 줄기 하나가 실처럼 길게 뻗어 있으며, 자라면서 길쭉한 체형으로 변한다. 몸길이는 12cm 내외이다.

생태: 해조류가 무성하고 암반이 발달한 연안에서 서식하며, 가끔 연안의 깊은 펄 바닥에서도 발견되는 열대 어종이다. 수컷과 암컷이 항상 짝을 지어 다닌다. 해조를 먹거나 바닥에 사는 작은 새우, 게 등을 잡아먹는다. 여름에 알을 낳는다.

분포: 우리나라 남해, 일본 중부 이남에서 호주 북서 연안까지 널리 서식한다.

기타 특성: 동남 아시아에서는 식용하기도 하지만 우리나라에선 수산 어종으로 취급하지 않는다.

그물코쥐치 쥐치과 | 복어목

학명: *Rudarius ercodes* 지방명: 쥐고기, 쥐치
외국명: Whitespotted pigmy filefish (영); アミメハギ(amimehagi) (일)

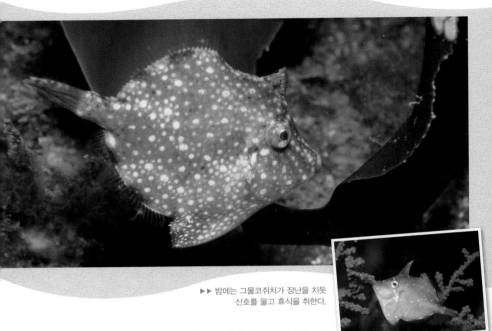

▶▶ 밤에는 그물코쥐치가 장난을 치듯
산호를 물고 휴식을 취한다.

형태: 몸은 마름모꼴로 납작하고, 전체적으로 갈색을 띠
며 크고 작은 흰색 반점이 온몸에 흩어져 있다. 꼬리자루
위에 작은 가시들이 빽빽하게 나 있다. 몸길이가 5~7cm인 소형 쥐치류이다.

생태: 따뜻한 연안의 암초 지대에서 서식한다. 여름에 암수가 짝을 지어 산란하는데,
암컷은 해조류에 알을 부착시키고 부화할 때까지 보호한다. 주로 동물플랑크톤을 잡아
먹는데 바닥의 유기물을 먹기도 한다.

분포: 우리나라 남해와 동해, 타이완, 일본 남부의 연안 앞바다에 분포한다.

기타 특성: 밤에 수중 산책을 하면 산호나 해조를 작은 입으로 물고서 물살을 견디며
잠자는 귀여운 모습을 볼 수 있다.

복어목 | 쥐치과 **쥐치**

학명: *Stephanolepis cirrhifer* 지방명: 노랑쥐고기, 쥐고기
외국명: Threadsail filefish, Filefish, Skin-peeler (영); カワハギ(kawahagi) (일)

▶▶ 쥐치의 등지러미는 가시로 변형된다.

형태: 몸은 등이 높은 계란형이며 납작하다. 몸 색은 전체적으로 노란빛이 강하고 회흑색 반점이 흩어져 있으며, 피부는 얇은 가죽처럼 까칠까칠하다. 주둥이는 작고 뾰족하며 좌우 턱의 이빨이 결합해 넙적한 앞니를 이룬다. 수컷은 제2등지느러미의 첫 번째 줄기가 실처럼 길게 뻗어 있어 암컷과 구분된다. 몸길이는 30cm까지 자라지만 15~20cm 정도가 흔하다.

생태: 어릴 때는 떠다니는 해조류 아래에서 떼를 지어 살다가 성장하면서 연안 암초지대로 내려간다. 입은 작지만 탐식성이 강하며 잘 발달한 앞니로 해조류, 소형 갯지렁이, 새우, 게, 조갯살 등 다양한 동물성 먹이를 잘라 먹는다. 산란 시기는 5~8월 사이다.

분포: 우리나라 전 연안, 일본 홋카이도에서 동중국해까지 서식한다.

기타 특성: 물 밖으로 나오면 '찍찍' 하는 쥐 소리를 낸다고 하여 예로부터 쥐고기라 불렸다. 쥐포로 유명한 사촌격인 말쥐치보다 맛이 좋아 최근 횟감으로 인기가 있다. 낚시 동호인들 사이에서는 미끼만 빼 먹고 도망가는 미끼 도둑으로 미움을 받기도 한다.

269

말쥐치 쥐치과 │ 복어목

학명: *Thamnaconus modestus* 지방명: 쥐고기, 쥐치
외국명: Filefish, Black scraper (영); ウマヅラハギ(umazurahagi) (일)

▶▶ 제1등지느러미는 가시로 변형된다.

형태: 몸은 긴 타원형이며 납작하다. 몸 색은 회청색, 회
흑색 바탕에 회백색, 흑색 무늬가 있다. 등지느러미, 뒷지
느러미, 꼬리지느러미는 노란색을 띠는 푸른색 또는 어두
운 푸른색을 띤다. 피부는 작은 융털 모양의 비늘로 덮여 있어 가죽처럼 까칠까칠하다.
눈 위에 있는 제1등지느러미는 세웠다 뉘었다 할 수 있는 가시로 변형된다. 몸길이는
40cm 정도인데 부화한 지 1년 만에 18cm, 3년 만에 25cm 내외로 자란다.

생태: 어릴 때는 떠다니는 해조류 아래에 모여 살다가 몸길이가 7cm 내외로 자라면 중
층으로 내려가고, 다 자란 개체들은 수심 100m 수층까지도 내려가며 떼를 지어 생활한
다. 봄부터 여름까지 20cm 이상의 어미들이 연안으로 몰려와 산란을 한다. 동물플랑크
톤, 갯지렁이, 새우, 게, 해파리 등 다양한 먹이를 먹는다.

분포: 우리나라 전 연안, 일본, 동중국해에서 서식한다.

기타 특성: '쥐포'의 원료이며 최근에는 횟감으로도 인기가 있다. 여름철에 맛이 좋으며
특히 커다란 간은 매우 맛있다.

복어목 | 거북복과 **뿔복**

학명: *Lactoria cornuta*

외국명: Longhorn cowfish (영); コンゴウフグ(kongōfugu) (일)

▶▶ 어린 뿔복의 몸은 상자형이며 노란색 몸 위에 깨알같이 작은 점들이 흩어져 있다.

형태: 몸은 단단한 상자형이며 눈 위와 배에 각각 긴 가시가 2개씩 있다. 가시들이 어릴 때에는 매우 길지만 자라면서 몸길이에 비해 상대적으로 짧아진다. 몸 색은 녹색, 옅은 황색 등으로 다양하며 푸른색 반점이 흩어져 있다. 자라면서 꼬리지느러미는 매우 길게 자라며 몸통도 길쭉한 형태로 변한다. 몸길이는 최대 46cm에 이르지만 우리나라에서는 어린 새끼만 확인되었다.

생태: 해조가 무성한 암초 지대에서 서식하는 열대 어종이며, 어릴 때에는 강 하구에 나타나기도 한다. 어려서는 작은 무리를 짓기도 하지만 성어들은 단독생활을 한다. 입으로 바닥의 모래를 불어 내고는 동물플랑크톤이나 갯지렁이 같은 작은 무척추동물들을 잡아먹는 습성이 있다.

분포: 우리나라 제주도 연안에서 확인된 적이 있으며, 일본 남부 연안에서 인도양, 태평양, 홍해, 동부 아프리카 연안까지 널리 분포한다.

기타 특성: 우리나라에서는 흔하지 않지만, 개체 수가 많은 열대 지방에서는 말려서 박제 기념품으로 만들기도 한다. 몸에 식중독을 일으키는 독성이 있어 식용하지 않는다.

줄무늬뿔복 거북복과 | 복어목

학명: *Lactoria fornasini* 지방명: 뿔복
외국명: Thornback cowfish, Shortspined cowfish (영); シマウミスズメ (shimaumisuzume) (일)

형태: 몸이 딱딱하며, 눈앞에 강한 뿔이 있고 꼬리자루 아래쪽으로도 뿔 2개가 발달해 있다. 몸 색은 어릴 때에는 노란색을 띠다가 성장하면서 구불구불한 청색 줄무늬가 나타난다. 몸길이는 15~20cm 정도로 소형 뿔복류이다.

생태: 수심이 얕고 바닥에 모래나 작은 자갈이 깔린 연안에서 수심 100m 수층까지 서식한다. 수컷은 자신의 세력권을 지키는 습성을 보인다. 바닥에서 서식하는 작은 무척추동물, 동물플랑크톤을 잡아먹는다.

분포: 우리나라 제주도, 인도양, 남서 태평양, 남아프리카 공화국의 남동부 연안까지 널리 분포한다.

기타 특성: 2008년 제주도 남부 해역에서 발견되어 미기록 어종으로 보고되었다. 열대 지방에서 서식하는 개체 중에는 독을 가지고 있는 것이 있어 식용하면 안 된다.

복어목 | 거북복과 # 거북복

학명: *Ostracion immaculatus*

외국명: Blue-spotted boxfish (영); ハコフグ(hakofugu) (일)

▶▶ 정면에서 잡힌 거북복의 몸이 정육면체 상자처럼 반듯하다.

형태: 몸은 상자형이며, 육각형 골판으로 변형된 비늘이 온몸을 덮고 있어 단단하다. 몸 색은 황갈색, 녹갈색, 청갈색으로 다양하며, 육각 모양의 비늘판 위에는 청색, 청록색의 둥근 반점이 있다. 입은 매우 작고 배지느러미가 없다. 어릴 때는 노란색 바탕에 검은색 둥근 점이 흩어져 있으나 성장하면서 검은색 점이 없어지고 몸 색도 변한다. 몸길이는 30cm 정도이다.

생태: 산호와 해조 등이 무성한 암반 지대의 연안과 대륙붕에서 사는데, 주로 바위 아래 굴이나 암반 사이의 그늘에 머문다. 작은 동물플랑크톤, 갯지렁이, 새우 등 작은 동물을 잡아먹는다.

분포: 우리나라 동해와 남해, 제주도 연안, 일본, 북서태평양에서 서식한다.

기타 특성: 어릴 때는 노란색 몸에 검고 둥근 점들이 예뻐서 관상어로 인기가 있다. 독이 없어 식용할 수 있다.

273

흰점꺼끌복 참복과 | 복어목

학명: *Arothron hispidus*

외국명: White-spotted puffer (영); サザナミフグ (sazanamifugu) (일)

형태: 몸은 복어형이고 옅은 녹청색을 띠며 배를 제외한 등, 몸의 옆면, 꼬리지느러미 위에 작은 흰 점들이 밀집해 있고 배에는 검은 세로줄들이 있다. 가슴지느러미가 있는 몸통에는 눈보다 조금 큰 검은색 반점이 있다. 눈 앞쪽과 꼬리지느러미를 제외한 온몸이 작은 가시들로 덮여 있다. 몸길이는 최대 50cm이다.

생태: 수심 50m보다 얕은 연안에 산다. 어릴 때는 해조류가 무성한 연안에서 주로 발견되고, 자라면서 앞바다에 면한 직벽 지대로 옮겨 간다. 단독생활을 하며 모래, 자갈 바닥에서는 가까이 오는 물고기들을 쫓아내는 텃세 행동을 보인다. 해조류, 바닥의 유기물, 해면, 말미잘, 집갯지렁이류, 성게류 등 다양한 무척추동물을 먹이로 한다.

분포: 우리나라 제주도 연안, 일본 남부, 인도양, 태평양, 홍해, 동부 아프리카, 하와이 연안, 미국 동부, 캘리포니아, 파나마 등에 분포한다.

기타 특성: 독이 있어 식용하지는 않는다.

복어목 | 참복과 흑점꺼끌복

학명: *Arothron nigropunctatus*

외국명: Blackspotted puffer (영); サザナミフグ(sazanamifugu) (일)

형태: 몸은 둥근 복어형이고, 몸 색은 회갈색 또는 청회색을 띠며 크고 작은 검은색 점들이 흩어져 있다. 등은 청회색, 배는 노란색을 띤다. 몸은 작은 가시들로 덮여 있다. 몸길이는 흰점꺼끌복보다 작은 종으로 30cm이다.

생태: 연안에서 25m 수심의 암초 직벽이나 무척추동물들이 풍부한 곳에서 서식한다. 어미들은 가끔 짝을 지어 다니기도 하지만 대개 단독생활을 한다. 산호, 해면, 동물플랑크톤, 무척추동물, 연체동물 등을 먹고 산다.

분포: 우리나라 제주도 연안에 가끔 출현하며, 일본 남부, 인도양, 태평양에 널리 서식한다.

기타 특성: 독이 있어 식용하지는 않는다.

청복 참복과 | 복어목

학명: *Canthigaster rivulata*
외국명: Brown-lined puffer, Scribbled toby (영); キタマクラ(kitamakura) (일)

▶▶ 청복은 푸른 눈동자와 강한 앞니가 인상적이다.

형태: 등은 회갈색, 배는 회색을 띠는 몸이 통통한 복어류다. 아가미뚜껑 뒤의 가슴지느러미 아래위에서 꼬리자루까지 몸통 중앙을 가로지르는 흑갈색 띠가 2줄 있다. 꼬리지느러미 위에는 갈색 줄이, 눈 주위에는 녹청색 가느다란 줄이 발달해 있다. 몸길이는 10~18cm이다.

생태: 연안에서 수심 300m 이상의 깊은 바다에 사는 종으로 알려져 있다. 제주도에서는 연안의 암반이나 산호초 지대에서 흔히 만날 수 있다. 먹이로는 해조나 해면동물 등을 먹는다.

분포: 우리나라 남해, 제주도 연안에서 일본 오키나와, 하와이 연안, 호주 북동부까지 널리 서식한다.

기타 특성: 독을 가지고 있어 식용하지 않는다. 제주도 남부 연안에서 수중 다이빙을 할 때 흔히 만날 수 있는 귀여운 종이다.

복어목 | 참복과 # 복섬

학명: *Takifugu niphobles* 지방명: 쫄복, 복쟁이
외국명: Grass puffer (영); クサフグ (kusafugu) (일)

▶▶ 복섬의 배에 가시형 비늘이 나 있다.

형태: 몸은 달걀형이고, 흰색 점이 흩어져 있는 등은 암녹색이나 회흑색을 띠며, 배는 희고 가슴지느러미 뒤에 커다란 검은색 점이 있다. 등과 배에 비늘이 변형된 작은 가시들이 빽빽하게 나 있다. 몸길이가 15cm까지 자라는 소형 복어류다.

생태: 연안 갯바위, 항구와 포구에 모여 사는 표층성 복어류로, 가끔 강으로 올라가기도 한다. 밤에는 모래 속으로 들어가 잠을 잔다. 초여름에 자갈이 깔린 바닷가로 몰려와 밤중에 산란을 한다. 탐식성이 매우 강한 편으로 갯지렁이, 조갯살, 새우, 게 등 동물성 먹이를 먹는다.

분포: 우리나라 전 연안, 일본 중부 이남, 중국에 분포한다.

기타 특성: 난소, 간, 껍질에 강한 독이 있고 크기가 작아 보통 요리 재료로 사용하지 않으나 경남 지방에선 복국으로 끓여 먹는다. 연안 낚시에서는 '미끼 도둑'으로 유명할 정도로 먹이에 대한 탐식성이 강하다.

졸복 참복과 | 복어목

학명: *Takifugu pardalis* 지방명: 밀복, 복쟁이, 노랑복
외국명: Panther puffer (영); ヒガンフグ(higanfugu) (일)

▶▶ 졸복은 강한 이빨과
푸른색의 눈동자가 특징이다.

형태: 황갈색 바탕인 등에는 크고 작은 흑갈색 반점이 흩어져 있으며 배는 희고, 온몸에 좁쌀 같은 돌기가 덮여 있어 까칠까칠하다. 꼬리지느러미는 검은색이고 가슴지느러미, 등지느러미, 뒷지느러미는 노란색을 띤다. 몸길이는 30cm까지 자라지만 20cm 정도가 흔하다.

생태: 암초가 발달한 앞바다에서 서식하는데, 봄과 여름에는 연안에서 살다가 가을이 되면 깊은 곳으로 이동한다. 봄이면 자갈이 깔린 연안의 바닷가로 몰려와 밤에 산란한다. 동물플랑크톤, 게, 새우와 작은 무척추동물 등을 잡아먹는다.

분포: 우리나라 전 연안, 일본, 중국에 분포한다.

기타 특성: 난소와 간에 강한 독이 있으나 살은 식용한다. 특히 산란기에는 독성이 강해져서 복어독 중독사고를 종종 일으킨다. 따라서 식용할 때에는 전문 요리사가 조심스럽게 손질해야 한다.

278

복어목 | 참복과 **흰점복**

학명: *Takifugu poecilonotus*

외국명: Fine-patterned puffer (영); コモンフグ(komonfugu) (일)

▶▶ 흰점복은 배를 제외한
몸에 흰 점무늬가 나 있다.

형태: 몸은 전형적인 복어형이며 몸은 작은 가시로 덮여 있다. 등은 갈색 바탕에 크고 작은 흰 점이 빽빽하며 배는 흰색이다. 등지느러미와 뒷지느러미는 노란색이고, 꼬리지느러미의 가장자리 윤곽은 갈색을 띤다. 몸길이는 25cm 정도이다.

생태: 해조류가 무성하고 암초가 발달한 얕은 연안에서 서식하며, 강 하구에서도 볼 수 있다. 봄에 연안으로 몰려와 산란을 한다. 새우, 게, 오징어 등을 잡아먹는다.

분포: 우리나라 전 연안, 일본, 동중국해, 타이완에 널리 분포한다.

기타 특성: 복어 중에서도 독성이 매우 강한 편으로 내장, 껍질은 물론 살에도 약한 독이 있다. 다른 복류와 마찬가지로 자격증을 가진 요리사가 조리해야 한다.

자주복 참복과 | 복어목

학명: *Takifugu rubripes* 지방명: 참복
외국명: Ocellate puffer (영); トラフグ(torafugu) (일)

▶▶ 몸의 옆면에 큰 검은색 무늬가
있는 것이 특징적이다.

형태: 몸에 작은 가시들이 발달해 있고, 등은 검은색, 배는 흰색이며 가슴지느러미 뒤편에 커다란 검은 반점이 있고 그 주위에 작은 점들이 흩어져 있다. 등지느러미와 뒷지느러미는 끝이 뭉툭한 낫 모양에 거의 대칭이고, 배지느러미는 없다. 앞니는 바위에 붙어 있는 생물을 뜯어먹기에 편리하다. 몸길이는 70cm 정도이다.

생태: 암수 모두 45cm 이상 자라야 생식 능력이 있으며, 3~5월 사이에 산란한다. 우리나라에서는 산란기가 되면 연안으로 몰려나왔다가 수온이 올라가는 여름이 되기 전에 앞바다로 이동한다. 겨울에는 먼바다로 이동해 겨울을 난다. 새우, 게 등을 먹는다. 크기는 부화한 지 1년이면 25cm, 2년이면 30cm 내외로 자라며, 최대 80cm까지 성장한다.

분포: 우리나라 전 연안, 일본, 타이완, 중국 연안에서 서식한다.

기타 특성: 『한국어도보』에는 '자지복'으로 기재되었다. 살에는 강한 독이 없으나 간, 생식소, 내장에 강한 독이 있다. 복어류 중에서 최고급 어종이다.

가시복

학명: *Diodon holocanthus*

외국명: Longspined porcupinefish, Ballonfish (영); ハリセンボン(harisenbon) (일)

▶▶ 가시복이 가시를 잔뜩 세워
마치 공처럼 보인다.

형태: 몸은 둥근 타원형이고, 몸 색은 등 쪽이 다갈색 또는 흑갈색이며 배 쪽은 흰색이다. 몸 전체에 검은색 반점들이 흩어져 있다. 꼬리자루를 제외한 온몸에 비늘이 변형된 긴 가시로 덮여 있으며 배를 부풀리면 가시가 세워져 밤송이 모양이 된다. 몸길이는 40cm 정도로 자란다.

생태: 난류의 영향을 받는 연안에서 서식하는 아열대종으로, 봄이면 난류를 따라 서서히 북상한다. 표층에서 수심 200m까지 폭넓게 서식한다. 봄에서 여름에 걸쳐 산란을 하는데, 암컷 한 마리에 여러 마리의 수컷이 따라다니며 산란한다. 게, 새우, 성게, 고둥 등 다양한 먹이를 먹는다.

분포: 우리나라 전 연안, 일본, 중국, 서부 대서양, 캐나다, 미국 플로리다, 브라질, 남아프리카, 태평양 등 전 세계에 분포한다.

기타 특성: 독이 없어 식용할 수 있지만 우리나라에서는 수산 어종으로 취급하지 않는다. 톡 건드리면 배를 부풀리며 온몸에 가시를 세우는 모습이 귀여워 스쿠버다이버들에게 인기가 있다.

개복치 개복치과 | 복어목

학명: *Mola mola* 지방명: 골복쟁이

외국명: Common mola, Ocean sunfish, Trunkfish, Headfish (영); マンボウ(manbō) (일)

▶▶ 꼬리지느러미 모양이 마치
뭉뚝하게 잘려나간 듯하다.

형태: 몸이 납작하며, 등은 청흑색이고 배는 회백색이다. 눈, 입, 아가미구멍이 매우 작다. 등지느러미와 뒷지느러미는 몸의 후반부에 마주 보며 위치하고, 꼬리지느러미는 단단한 판이 8~9개 있으며, 가장자리가 수직에 가까워 마치 꼬리가 없는 물고기처럼 보인다. 수컷은 암컷보다 주둥이가 앞쪽으로 튀어나왔다. 몸길이는 최대 3m 정도이고 몸무게는 2.3톤에 이른다.

생태: 연안에서 멀리 떨어진 바다의 표층에서 450m 깊이까지 폭넓게 서식하는 종으로, 파도가 없는 조용한 날에는 표층으로 올라와 등지느러미를 물 밖으로 내밀고 헤엄치거나 잠을 자기도 한다. 암컷 한 마리가 한 번에 낳는 알의 수가 3억 개로 어류 중에서 가장 많다. 부화한 새끼는 온몸에 가시가 있지만 성장하면서 어미처럼 모습이 바뀐다. 플랑크톤, 해파리를 주로 먹지만 오징어나 어린 물고기도 먹는다.

분포: 우리나라 전 연안에서 서식하지만 특히 동해안에 개체 수가 많고, 전 세계의 따뜻한 온대 해역에 고루 분포한다.

기타 특성: 복어와 비슷한 독을 가지고 있다는 보고도 있지만, 우리나라에서는 경북 포항을 비롯한 동해 연안에서 즐겨 먹는다. 깨끗한 흰 살은 독특한 맛은 없지만 묵처럼 탄력이 있어 이 맛을 즐기는 사람도 있다. 수족관에서 인기가 높은 대형 어종이며, 바다에서는 사람을 피하는데 스쿠버다이버와는 친한 해역도 있다.

전 세계에서 바다생물의 종 다양성이 가장 높은 곳으로 알려진 산호 삼각지대(coral triangle)는 인도네시아, 호주 북부에서 필리핀 북부를 연결하는 삼각 해역을 말한다. 산호가 잘 발달한 열대 바다이니 생물 종 다양성이 높은 것은 어쩌면 당연한 일인지도 모른다.

이에 비해 우리나라는 한쪽만 대륙에 접해 있고 3면이 바다로 둘러싸여 있지만 그 면적은 그리 넓지 않다. 그러나 남쪽에서 남해로 올라오는 쿠로시오 난류의 지류가 흐르고, 그 지류가 갈라져 동해안을 따라 북상하는 동한난류와 북쪽에서 내려오는 북한한류가 동해 중부 해역에서 만나 울릉도와 독도를 향해 꺾여 흐른다. 서해는 전체 수심이 얕은 편이지만 중앙부에 연중 냉수대가 있어 찬 바다에 사는 대구나 청어가 일 년 내내 서식한다. 또 비교적 사계절이 뚜렷한 기후의 특성 때문에 계절별로 수온 변화가 큰 연안수가 형성되어 여름에는 고수온 물덩이가, 겨울에는 저수온 물덩이가 연안 환경에 영향을 준다.

이처럼 다양한 해류가 복잡하게 교차하거나 만나고 수온 차가 있는 물덩이들이 존재하는 우리나라 연안에는 따뜻한 바다를 좋아하는 생물은 물론, 차가운 바다에 사는 생물과 변화가 심한 바다 환경에서도 잘 견디는 생물 종들이 다 함께 어울려 살고 있다. 이러한 독특한 환경 때문에 우리 바다는 면적 대비 생물 종 다양성이 전 세계에서 가장 높은 해역이다. 세계에서 가장 종 다양성이 높다는 명성에 걸맞게 우리 바다의 풍경도 계절마다 달라져 해역별로 독특한 아름다움을 일 년 내내 뽐낸다. 그중에서도 제주 바다는 다양한 열대·아열대 생물 종들로 수중 경관이 가장 뛰어난 곳으로 인기가 높다.

생물 종 다양성이 가장 높을 뿐 아니라 산호와 다양한 해조로 해역별로 독특한 수중 경관을 뽐내는 제주 바다에 사는 생물(물고기)들을 대상으로 도감의 형태로 정리하는 작업을 하게 되어 저자들에겐 더없이 큰 영광이었다. 이 작업이 제주 바다에 둥지를 튼 물고기들의 현재를 기록하고, 앞으로도 계속될 환경 변화에 따른 우리 바다생물의 장기적 변화 예측을 위한 기초 자료가 된다는 점에서 그 정리만으로도 큰 의미가 있다고 생각한다.

　더불어 이 책이 사계절 변화가 뚜렷하고 수중 세계의 아름다움을 잘 간직하고 있는 제주 바다를 가꾸고 보전하는 활동의 시작점이 되었으면 하는 바람을 담아 마무리하려 한다. 제주 바닷속에서 만났지만 미처 이름을 올리지 못한 많은 제주 물고기의 미래에 따뜻한 보살핌의 손길이 있기를 빌면서…….

1. 제주도 연안

우리나라의 삼면을 둘러싼 남해, 동해와 서해는 나름대로 독특한 환경 특성을 가지고 있다.

연안선이 밋밋하면서도 수심이 깊고 난류와 한류가 늘 수심층을 바꾸면서 교차하는 동해, 세계에서 몇 안 되는 드넓은 갯벌을 자랑하고 무려 10미터가 넘는 조차(潮差)로 독특한 연안 환경이 형성된 서해, 수많은 크고 작은 섬들과 리아스식 해안, 크고 작은 만이 있는 남해의 우리나라 바다는 면적 대비 세계에서 가장 높은 해양생물 종 다양성을 가지고 있다. 특히 제주도는 우리나라에서 가장 큰 섬으로 남쪽에서 올라오는 난류의 영향을 직접 받는 위치에 있어 수온이 높아 제주 바다에서는 열대·아열대 생물 종들이 많이 서식한다.

제주도는 백록담이 있는 1950미터 높이의 화산 한라산을 중심에 둔 타원형의 섬으로 해안선이 단순하다. 하지만 동쪽에 우도, 서쪽에 비양도와 차귀도, 남쪽에는 서귀포 연안의 지귀도, 섶섬, 문섬, 범섬과 가파도와 마라도가 있어 각 지역별로 독특한 해저환경을 가지고 있으며, 이에 따라 아름답고 다양한 해양생물들이 서식하고 있다. 지리적인 위치와 화산섬이 지닌 독특한 풍광에 예로부터 제주도는 가장 아름다운 섬으로 알려져 왔고, 2007년에는 제주화산섬과 용암동굴이 유네스코 세계자연유산으로 등재되었다. 해변의 검은 돌과 하얀 백사장, 코발트빛 바다색이 어우러진 아열대 바다의 아름다운 섬 풍경이 제주도의 대표적인 이미지이지만, 제주도를 감싸고 있는 수중 세계의 아름다움과 그 다양함은 그동안 우리가 몰랐던 또 다른 제주도의 모습이다.

크고 작은 검은색 바위로 이루어진 제주도 연안은 짙푸른 바다와 잘 대비되어 아름답지만, 자세히 살펴보면 육지에서 떨어지는 폭포수와 크고 작은 하천을 따라 민물이 흘러드는 연안, 바위틈으로 복잡한 모양을 만드는 조수 웅덩이들이 많은 편평한 연안, 깎아지른 듯한 절벽과 바다가 맞닿은 직벽 연안 그리고 개펄 등 다양한 서식환경이 존재하는 섬이기도 하다.

북쪽은 제주시를 중심으로 부두 방파제와 매립지, 그리고 용두암 부근 바위 연안과 같은 낮은 암반 해변과 모래 해수욕장들이 이어져 있는, 도시와 자연이 함께 어우러진 특성을 가지고 있다. 풍력발전기가 있는 서쪽은 북서풍이 강해 조류가 세차기도 하지만 차귀도와 비양도는 섬 특유의 생물자원이 풍부한 해역으로 낚시 동호인들이 연중 찾는 일급 낚시 포인트이기도 하다. 동쪽은 우도와 성산일출봉, 섭지코지가 있어 관광객이 많으며 넓은 모래 연안과 바위 직벽, 얕은 암반이 펼쳐진다. 난류의 영향을 직접 받는 남쪽은 아름다운 섬들과 세계에서도 유명한 연산호 군락지가 있어 그곳에 함께 살고 있는 화려한 열대·아열대 생물 종들과 멋진 수중 경관을 연출하고 있다.

이렇듯 제주도는 동서남북 각 지역의 특성에 따라 연안 환경이 달라 우리나라의 그 어느 연안보다 다양한 해양생물들이 서식하는 바다이며, 해양생물 종 다양성으로 보면 보물 같은 바다가 펼쳐져 있다.

이러한 다양한 생물과 연산호 군락 등을 보호하기 위해 서귀포 앞바다는 2002년 11월 '해양생태계 보호구역'으로 지정되어 관리하고 있다. 이처럼 제주도의 수중 생물들과 그 경관이 지닌 가치를 다시 한 번 인식하면서 함께 아끼고 보호하는 노력이 필요하다고 생각한다.

2. 제주도 연안의 수중 경관과 조수 웅덩이

제주도 서귀포시 앞바다의 섬 연안에서는 수지맨드라미와 해송을 흔히 만날 수 있다.

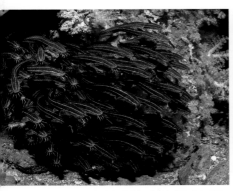

바다에 사는 유일한 메기과 어종인 쏠종개가 제주도 바다에서 무리 지어 헤엄치고 있다.

다양한 수중 생물과의 만남은 스쿠버다이버들만이 즐길 수 있는 색다른 즐거움이다.

제주도에서는 다양한 색상의 산호들이 무성한 정원에서 청줄돔, 자리돔 등 따뜻한 물을 좋아하는 다양한 물고기들을 만날 수 있다.

말미잘과 공생하는 열대 어종인 흰동가리 부부가 한가로이 노닐고 있는 모습은 제주도에서만 볼 수 있는 장면이다.

구멍이 많은 용암은 텃세를 부리는 쏨뱅이에게는 은신처를 제공하고, 쥐치에게는 다양한 먹이생물을 공급해준다.

넓게 펼쳐진 산호초와 열대 어종인 줄도화돔 떼가 연출하는 수중 경관은 제주도만의 자랑거리이다.

담수가 유입되는 제주도 신도리 앞바다 연안은 크고 작은 조수 웅덩이가 얕아서 어린 물고기와 소라, 성게 등 해양생물 종들이 서식하기에 알맞은 환경이다.

조간대의 조수 웅덩이는 위치에 따라 거친 파도를 막아주는 안전한 곳이 될 수도 있다.

어린 물고기들이 살기에 알맞은 연안이나 조수 웅덩이라 할지라도 바람 많은 제주도는 파도가 높고 궂은 날이 많아 은신처가 되기에 녹록지 않다.

3. 제주도 일등 어류

1) 자바리(다금바리)

다금바리 제주도의 대표적인 고급 생선

제주도에서 최고의 생선은 다금바리다. 다금바리의 학술적인 표준명은 '자바리'이지만, 대부분의 제주도를 찾는 이들은 다금바리를 제주도에서 최고의 값을 주어야 맛볼 수 있는 종으로 알고 있다. 자바리는 붉바리, 능성어, 닻줄바리, 구실우럭, 별우럭 등과 함께 농어목(目), 바리과(科, Serranidae)에 속한다. 특히 이 무리에는 최고급 식용 어종이 많은데 자바리와 붉바리가 대표적인 고급 생선이다.

이 종은 한때 자원량이 많았다고 하지만, 지금은 개체 수가 그리 많지 않은 어종이 되었고 그래서 외국에서 비슷한 바리 종류들이 수입되어 횟집 등에 유통되고 있다.

이 종의 몸길이는 1미터에 이르는데 요즘은 대형급이 흔하지 않아 만나기가 쉽지 않다. 무시무시한 덩치와 힘을 자랑하는 이 종은 예로부터 낚시계에서는 '갯바위 낚시의 황제'란 별명으로 부른다. 자신만의 은신처 굴이 있어 한 번 만난다 해도 쉽게 접근하거나 잡기 쉽지 않은 종이다.

제주도에서 최고로 취급하는 자바리는 역시 횟감으로 그 가치를 인정받는다. 커다란 몸집에 걸맞은 흰살의 쫀득한 육질, 단맛 등이 이 종의 가치를 높여주는 특징이라 할 수 있다.

2) 갈치

고등어와 함께 우리나라 대표적인 수산 어종 가운데 하나이지만 특히 제주도에서는 싱싱한 갈치를 만날 수 있고 요리도 회, 구이, 찌개, 국 등 다양하게 맛볼 수 있어 제주도 어류로 유명해졌다. 특히 제주도 앞바다에서 밤낚시로 잡은 싱싱한 갈치 회와 구이는 냉동 갈치에 익숙한 도시인들에게는 새로운 맛이라 지금은 제주도의 관광 수산물 상품이 되었다.

특히, 갓 잡은 싱싱한 것이 아니면 맛볼 수 없는 회 가운데 최고라는 갈치 회를 제주도에선 흔하게 접할 수 있다는 점도 갈치가 제주도 특산 어종으로 자리 잡 는 데에 한몫한 것 같다.

구이용으로 판매하는 관광 상품 갈치

몸이 긴 칼 모양으로 생겼다 해서 갈치 또는 칼치 라고 하는데 수중에서 보면 머리를 위로 하여 곧추선 자세로 헤엄치는 독특한 기술을 가진 물고기이다. 요즘은 어린 갈치들이 남해 안 내만으로 몰려오는 시기에 생활낚시를 즐기는 이들도 많고, 1.5미터까지 자라는 대형 갈치들이 많은 제주도에서 취미로 낚시하는 이들이 늘어나 갈치 는 더 이상 어업인들의 어업 대상어만이 아니라 유어(遊漁) 대상어로 그 인기 가 높아지고 있다.

아무튼 살아 있는 상태에서 뜬 회가 최고의 인기를 누리고 있고, 낚는 재미 도 쏠쏠한 갈치는 제주도 밤바다를 밝히는 어선들과 함께 제주도에서 오랫동 안 인기를 누릴 수산 어종임이 틀림없다.

3) 옥돔

제주도에서 '생선'이라 부르는 어종이 바로 옥돔이다. 즉, '옥(玉)'과 '돔'이란 이름처럼 예로부터 제주도에서 나는 물고기 가운데 귀한 생선으로 여겼다. 지금도 옥 돔은 제주도 특산 어종으로 취급되고 있으며, 식당에 서는 옥돔구이가 인기가 매우 높다. 옥돔은 분류학적 으로 농어목(目), 옥돔과(科, Branchiostegidae)에 속하며

제주도 관광 특산 어종 옥돔

우리나라에는 옥돔 외에 황옥돔, 옥두어가 서식하고 있다. 이 종은 30~150미 터 정도의 수심층 모래 바닥에 살고 있으며 바닥을 뚫고 들어가는 습성이 있 다. 이러한 습성으로 살에 독특한 향이 있다고 말하는 미식가들도 있지만 제 주도에서는 자리돔, 자바리와 함께 관광 특산 어종으로 취급한다.

옥돔은 구이요리가 가장 인기가 있는데 일본에서도 맛이 달콤한 생선이라 하여 '아마다이(アマダイ, 甘鯛)'라고 부른다.

4) 고등어

산 고등어로 만든 고등어 회

고등어는 갈치와 함께 우리나라 대표적인 수산어종이다. 예로부터 내륙 깊숙한 마을까지 짜디짠 자반으로 널리 알려져 있으며, 조림과 찌개, 구이 등 다양한 요리로 국민들에게 사랑받아온 종이다.

고등어는 농어목(目), 고등어상과(上科), 고등어과(科, Scombridae)에 속하며 외형이 매우 비슷한 망치고등어(*S. australasicus*)와 섞여서 유통된다. 우리나라에서는 2~3월경 제주도 연안에 출현하여 차츰 북쪽으로 이동하며 남해안에서 여름을 지내고, 찬바람이 불기 시작하는 늦가을이면 월동을 위해 남쪽으로 다시 이동한다.

등이 푸르고 배가 흰, 대표적인 등푸른 생선으로 '히스친'이라는 물질이 많이 들어 있어 건강에 좋은 어종으로 유명하다. 제주도에서는 몸집이 크고 싱싱한 고등어를 쉽게 접할 수 있어 회맛도 볼 수 있었던 까닭에 이제 독특한 맛을 자랑하는 제주도 특산 어종이 되었다.

5) 자리돔

자리돔 횟감(위)과 자리돔 알(아래)

자리돔은 난류의 영향을 받는 동해안 일부와 남해 앞바다 섬, 제주도 연안에서 서식하는 아열대 어종이다. 제주도에서는 예로부터 자리돔을 여러 가지 요리로 식용해 왔으며 지금은 관광 수산 어종으로 자리 잡았다. 수중에서 보면 산란기 때는 바위에 붙인 알을 보호하느라 바닥층에 있지만, 먹이활동을 위해 떼를 지어 중층에서 입을 깜박거리며 플랑크톤을 먹는 귀여운 고기이다.

우리나라에 보고된 자리돔과(科, pomacentridae)인 자리돔, 흰동가리, 파랑돔, 노랑자리돔 등은 모두 난류역에서 서식하는 종들이다.

자리돔은 손바닥보다 작은 크기이지만 자리돔 낚시를 즐기는 사람들도 있으며, 자리돔 회와 젓갈은 제주도 특유의 맛을 지녀 제주도 현지민들뿐만 아니라 관광객들에게도 인기가 높다. 특히 뼈째로 썰어놓은 회는 된장이나 초고추장에 찍어 먹으면 고소하고 독특한 맛이 일품이다. 젓갈 역시 깊은 맛에 다시 찾게 하는 매력을 가지고 있다.

참고문헌

고유봉 · 고경민 · 김종만, 1991, 「제주도 북방 함덕 연안역의 자치어 출현」, 『한국어류학회지』 3(1), pp.24~35

김용억 · 명정구 · 김영섭 · 한경호 · 강충배 · 김진구, 2001, 『한국해산어류도감』, 도서출판 한글, 부산, 382pp.

김익수 · 최윤 · 이충렬 · 이용주 · 김병직 · 김지현, 2005, 『원색 한국어류대도감』, 교학사, 서울, 613pp.

명정구, 1997, 「제주도 문섬 주변의 어류상」, 『한국어류학회지』 9(1), pp.5~14.

명정구, 2002, 「독도 주변의 어류상」, Ocean and Polar Research 24(4): pp.49~455.

명정구, 2003, 「다이빙조사에 의한 가을철 가거도 연안의 어류상」, 『한국어류학회지』 15(3), pp.207~211.

유재명 외, 1995, 『제주 바다물고기』, 현암사, 서울, 248pp.

이순길 · 김용억 · 명정구 · 김종만, 2000, 『한국산어명집』, 정인사, 서울, 222pp.

정문기, 1977, 『한국어도보』, 일지사, 서울, 727pp.

Ichthyological Society of Japan, 1981, *Dictionary of Japaneale fish names and their foreign equivalents*, Sanseido, Tokyo, 834pp.

Masuda, H., K. Amaoka, C. Araga, T. Uyeno and T. Yoshino, 1992, *The Fishes of the Japanese Archipelago*, Tokai Univ. Press, Tokyo, Text 456pp, Plates 378pp.

Moyle, P.B. and J.J. Cech, 2000, *Fishes: An Introduction to Ichthyology*, 4th ed. Prentice-Hall, NJ, pp.361~376.

Nakabo, T., 2002, *Fishes of Japan with Pictorial keys to the Species*, English edition, Tokai Univ. Press, Tokyo, 1749pp.